Pierre

恋上法式十字绣
童年的记忆

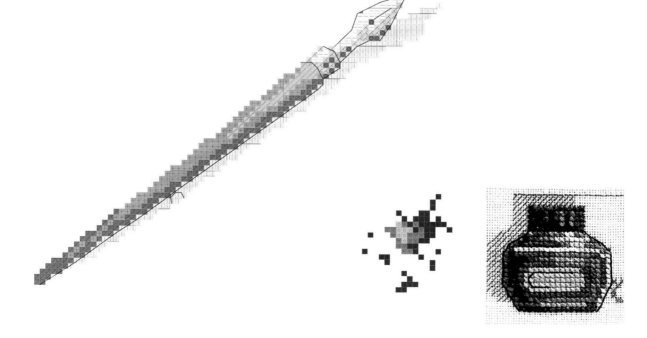

图书在版编目（CIP）数据

恋上法式十字绣.童年的记忆 /（法）安吉涅著；刘梦星译.—北京：华夏出版社，2014.3

ISBN 978-7-5080-7851-9

Ⅰ.①恋… Ⅱ.①安… ②刘… Ⅲ①刺绣－手工艺品－法国－图集 Ⅳ.①TS935.5

中国版本图书馆CIP数据核字（2013）第247994号

Souvenirs d'enfance au point de croix by Véronique Enginger
© Fleurus Editions, Paris—2008
版权所有，翻印必究
北京市版权局著作权合同登记号：图字 01-2012-6668

恋上法式十字绣.童年的记忆

作　　者　[法]维罗尼卡·安吉涅
译　　者　刘梦星
责任编辑　尾尾鱼
美术设计　Grace
责任印制　刘　洋

出版发行　华夏出版社
经　　销　新华书店
印　　刷　北京华宇信诺印刷有限公司
装　　订　三河市万龙印装有限公司
版　　次　2014年3月北京第1版
　　　　　2014年3月北京第1次印刷
开　　本　889x1194　1/12开
印　　张　12
字　　数　50千字
定　　价　59.80元

华夏出版社　地址：北京市东直门外香河园北里4号　邮编：100028
　　　　　　　网址：www.hxph.com.cn　电话：（010）64663331（转）
若发现本版图书有印装质量问题，请与我社营销中心联系调换。

恋上法式十字绣
童年的记忆 ××××××××××××××××××

［法］维罗尼卡·安吉涅 Véronique Enginger / 著　　刘梦星 / 译

赛尔薇·布朗杜 Sylvie Blondeau / 工艺

斯瑞·安德布连 Thierry Antablian / 摄影

华夏出版社

HUAXIA PUBLISHING HOUSE

还记得

你第一次绣下的十字绣针脚吗？

当你还是个孩子的时候，你可曾暗自欣赏过彩虹般五颜六色的丝线卷？

或者是在那些周日的午后，去阿姨家做客总会伴着丝线穿过布匹的声音和孩子们摆弄小鼓的声音。妈妈或是表姐会在午后的阳光下做针线活儿，小孩子们就在一边儿摆弄那些丝线、绸带和纽扣，懂事了的小姑娘们则会围在阿姨身边，赞叹那些细密漂亮的针脚。

美好的事物总是代代相传，十字绣就是这样，是每代法国人共同的童年记忆。

今天，我们编撰这本小书，就是要带着我们的读者一同重温旧日的美好时光，感受孩童时代的永恒温情与无忧无虑。

用这本书同你的孩子，甚至是祖孙一起，分享你童年的记忆吧。

目录

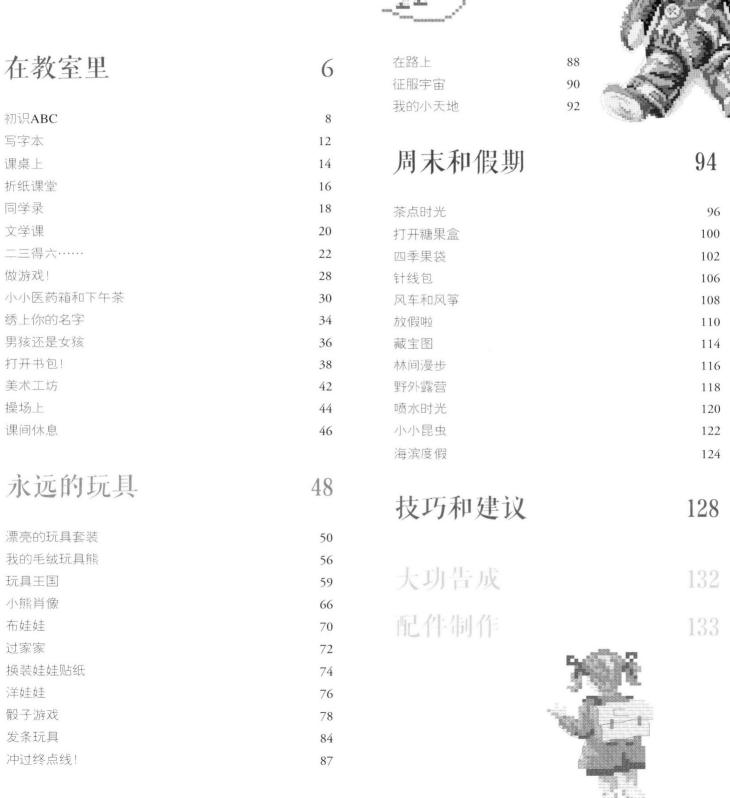

在教室里

Sur le chemin de l'école
de l'école

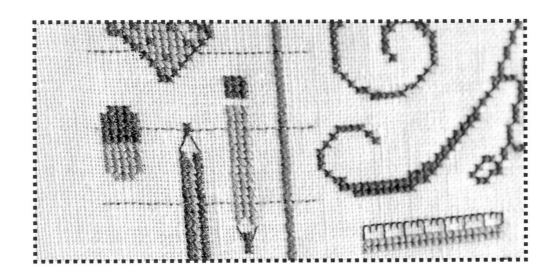

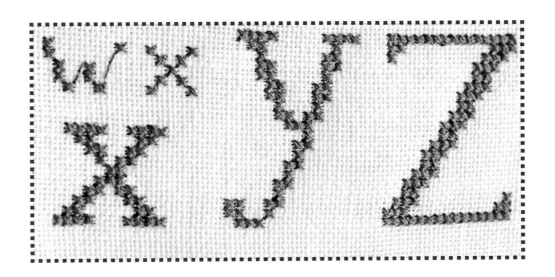

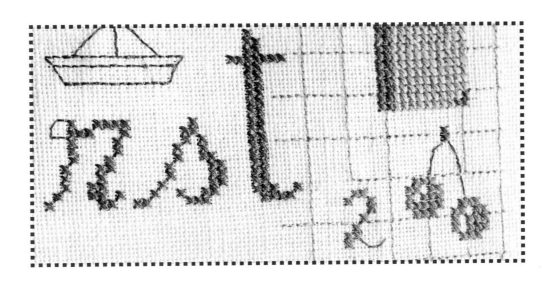

初识ABC

挂在墙上的字母表：初学识字的小朋友们的最佳伴侣。

挂板及挂杆的制作方法参见第133页。

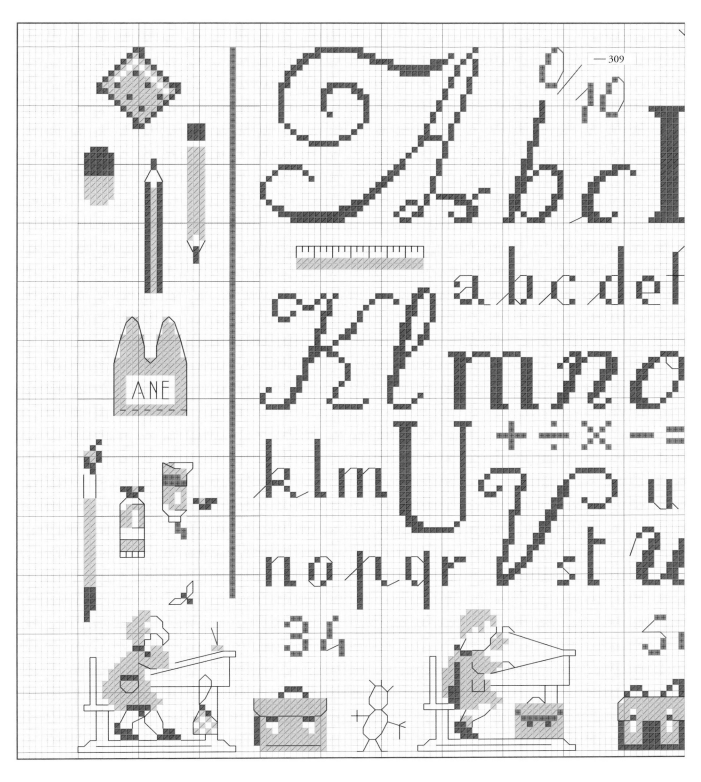

— 309

DMC 绣线 —— 158

158	——	156
156	——	309
309	●	158

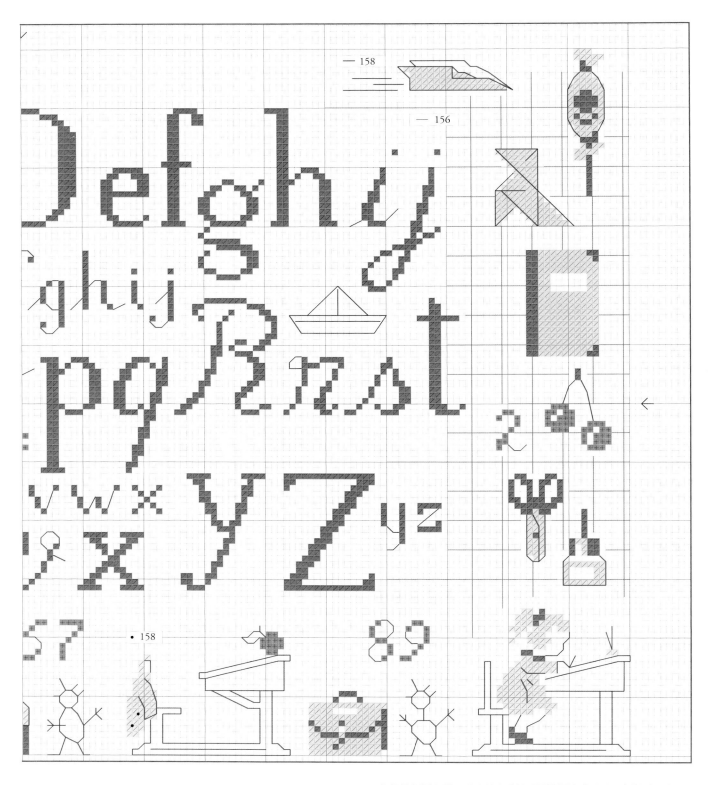

为使绣制更方便，建议读者将这两页绣图复印出来，拼接在一起，
对应到绣布的每一行、每一个绣格内。
箭头标示的是整个绣图纵横向的中心位置。

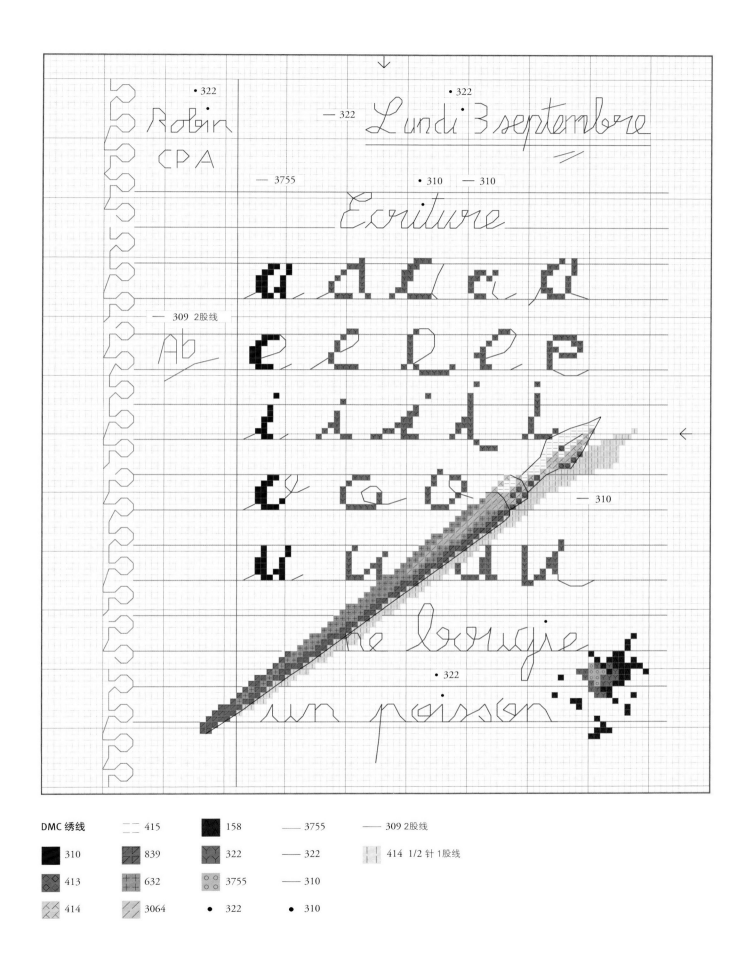

写字本

一个漂亮的写字本是初学写字的好伙伴，会给学习带来许多乐趣！
写字本的制作方法参见第134页。

课桌上

选出最漂亮的钢笔头和墨水瓶放在你的课桌上······
如今，学生们都喜欢复古风。

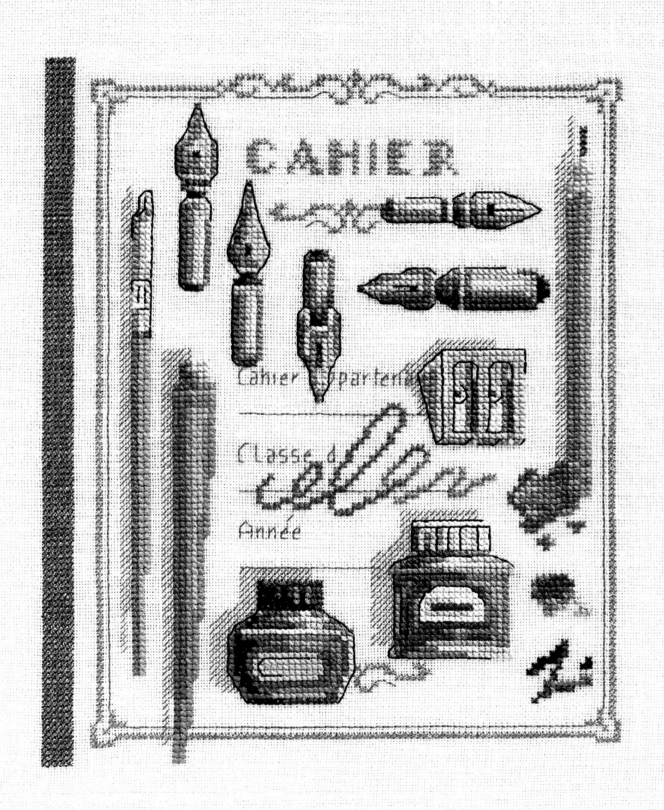

DMC 绣线

413	632	3045	3755	931 全针 1股线	— 931
367	414	3826	738	3834	413 全针 1股线	— 310
703	415	977	158	3835	414 1/2 针 1股线
310	blanc	420	322	3836		

折纸课堂

这儿折起来，那儿折下去。

用纸折大公鸡，简单又漂亮。快来试试吧，你看，大功告成！

légende

plier

retour en

la cocotte

3865 2股线

839

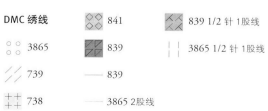

DMC 绣线

◌◌ 3865	▨ 841	⊠ 839 1/2 针 1股线	
◌◌ 3865	▨ 839	‖ 3865 1/2 针 1股线	
⫽ 739	— 839		
⧺ 738	— 3865 2股线		

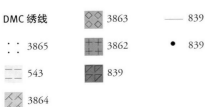

DMC 绣线

⬙	3863	—	839		
⠒	3865	⊞	3862	●	839
⊟	543	◩	839		
⬗	3864				

箭头标示的是绣图纵横向的中心位置。
绣完后，可以就这样将作品当作一幅画作。
若想做出下一页那样的小口袋，请参见第135页制作方法中的具体步骤。

同学录

学校里的故事，班级里的同学……
里面静静码放着当年的照片，一枚书签唤回有关你人生中第一堂课的记忆。
制作方法参见第135页。

文学课

小鸡在啄小松子。

这是一首法语儿歌。在法语里，这些词都是以字母P开头的。

刚刚开始学识字的小朋友发现所有单词都有相同的首字母，该有多幸福啊！

leçon de lecture

p

n

c

la poule

ard

p = p pi pu pu po

des   poussins

pi.   po. pa   pe.

leçon de lecture

— 310

la poule

ard

p = p pi pu pa po

des poussins

pi. po. pa pe.

DMC 绣线

676	648	783	3831	160	— 844	• 844
801	677	646	472	3841	— 3831	• 3831
434	blanc	844	727	471	414	— 310
436	3033	310	814	3345	414 1/2 针 1股线

1 fois 2	fait	2
2 — 2	font	4
3 — 2	—	6
4 — 2	—	8
5 — 2	—	10
6 — 2	—	12
7 — 2	—	14
8 — 2	—	16
9 — 2	—	18
10 — 2	—	20

1 fois 3	fait	3
2 — 3	font	6
3 — 3	—	9
4 — 3	—	12
5 — 3	—	15
6 — 3	—	18
7 — 3	—	21
8 — 3	—	24
9 — 3	—	27
10 — 3	—	30

1 fois 4	fait	4
2 — 4	font	8
3 — 4	—	12
4 — 4	—	16
5 — 4	—	20
6 — 4	—	24
7 — 4	—	28
8 — 4	—	32
9 — 4	—	36
10 — 4	—	40

1 fois 5	fait	5
2 — 5	font	10
3 — 5	—	15
4 — 5	—	20
5 — 5	—	25
6 — 5	—	30
7 — 5	—	35
8 — 5	—	40
9 — 5	—	45
10 — 5	—	50

$1 \times 3 =$

1 fois 6	fait	6
2 — 6	font	12
3 — 6	—	18
4 — 6	—	24
5 — 6	—	30
6 — 6	—	36
7 — 6	—	42
8 — 6	—	48
9 — 6	—	54
10 — 6	—	60

1 fois 7	fait	7
2 — 7	font	14
3 — 7	—	21
4 — 7	—	28
5 — 7	—	35
6 — 7	—	42
7 — 7	—	49
8 — 7	—	56
9 — 7	—	63
10 — 7	—	70

1 fois 8	fait	8
2 — 8	font	16
3 — 8	—	24
4 — 8	—	32
5 — 8	—	40
6 — 8	—	48
7 — 8	—	56
8 — 8	—	64
9 — 8	—	72
10 — 8	—	80

1 fois 9	fait	9
2 — 9	font	18
3 — 9	—	27
4 — 9	—	36
5 — 9	—	42
6 — 9	—	54
7 — 9	—	63
8 — 9	—	72
9 — 9	—	81
10 — 9	—	90

二三得六……

让学习变得更有乐趣，
快使用这个乘法表吧，一起在房间里大声背诵乘法口诀！
乘法表板的具体制作方法参见第134页。

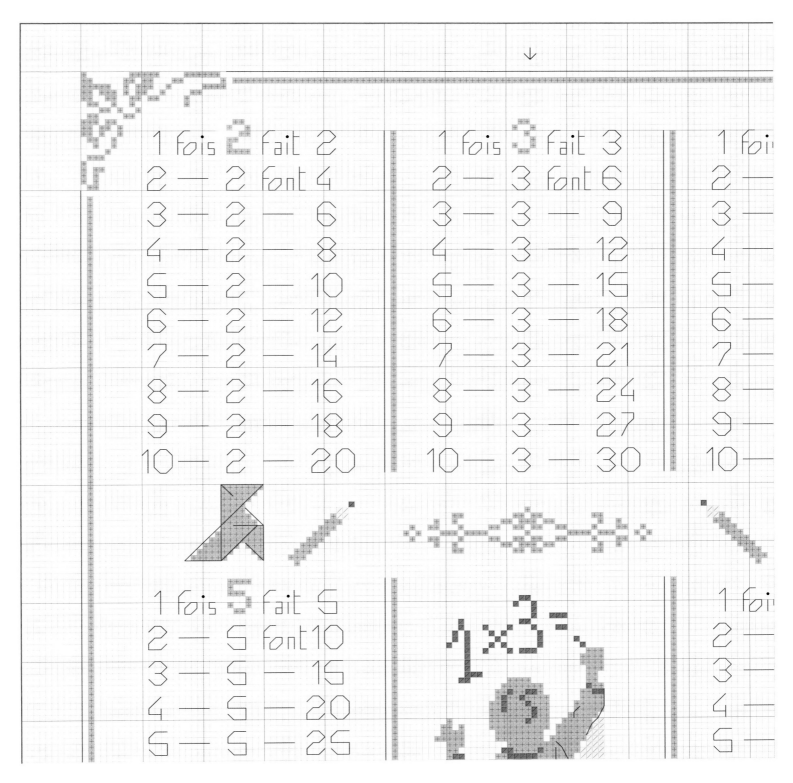

DMC 绣线

— 158

◨ 158

◱ 156

▨ 3747

● 158

为使绣制更方便，
请将各部分绣图（本页、本页背面和下两页）复印出来，
拼接在一起，对应到绣布的每一行、每一个绣格内。
箭头标示的是整个绣图纵横向的中心位置。

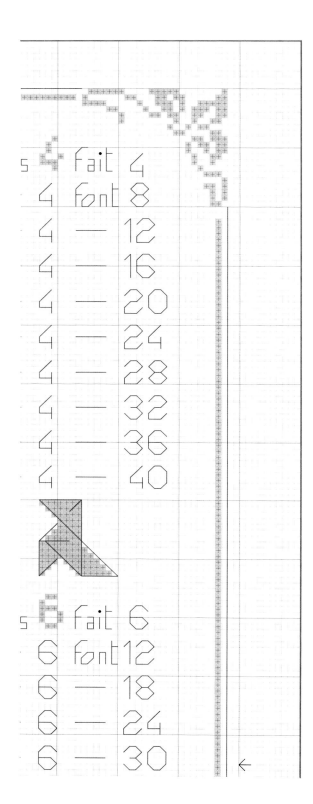

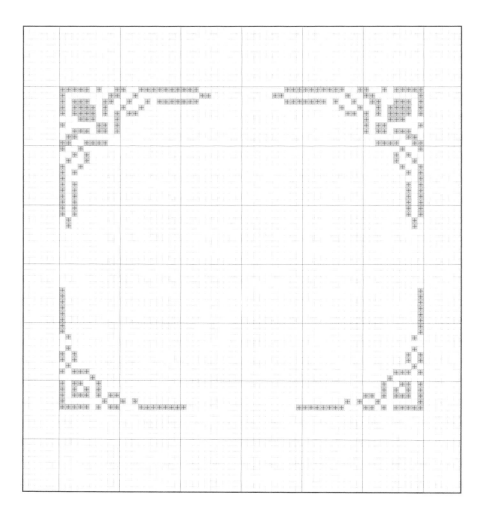

可以用上图所示的边角代替乘法表的边角，或任意排列组合。

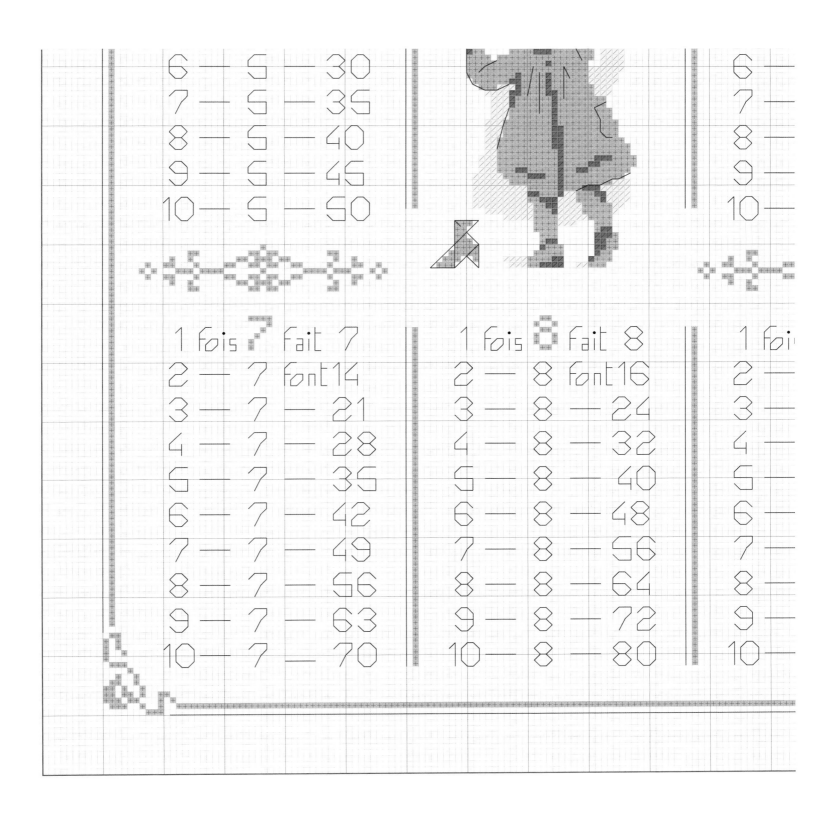

6 — 5 — 30
7 — 5 — 35
8 — 5 — 40
9 — 5 — 45
10 — 5 — 50

6 —
7 —
8 —
9 —
10 —

1 fois 7 fait 7
2 — 7 font 14
3 — 7 — 21
4 — 7 — 28
5 — 7 — 35
6 — 7 — 42
7 — 7 — 49
8 — 7 — 56
9 — 7 — 63
10 — 7 — 70

1 fois 8 fait 8
2 — 8 font 16
3 — 8 — 24
4 — 8 — 32
5 — 8 — 40
6 — 8 — 48
7 — 8 — 56
8 — 8 — 64
9 — 8 — 72
10 — 8 — 80

1 foi
2 —
3 —
4 —
5 —
6 —
7 —
8 —
9 —
10 —

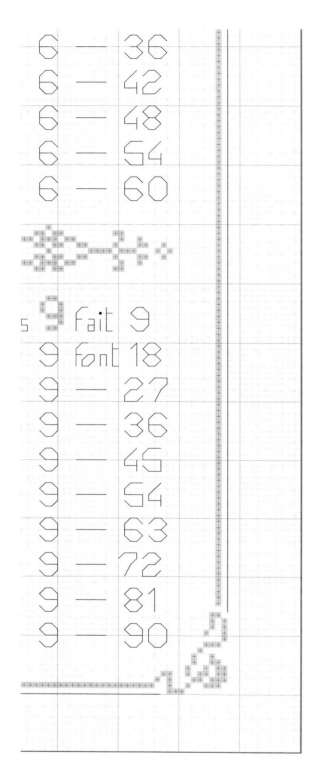

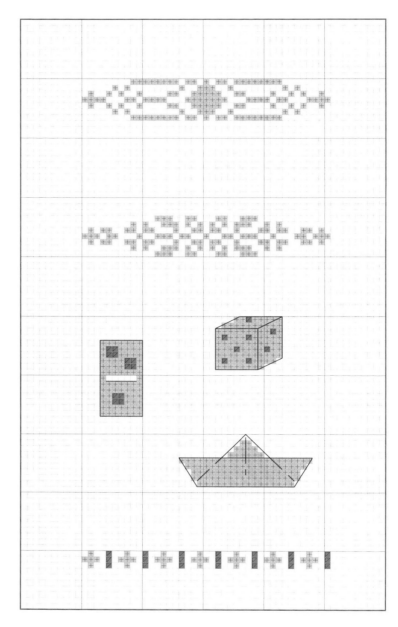

这些简单易绣的小图案可供选择，
用来代替乘法表的边角……

做游戏！

看到这个作品，你就会想起课堂上那些许许多多的乐趣，
这些回忆永远闪闪发光。

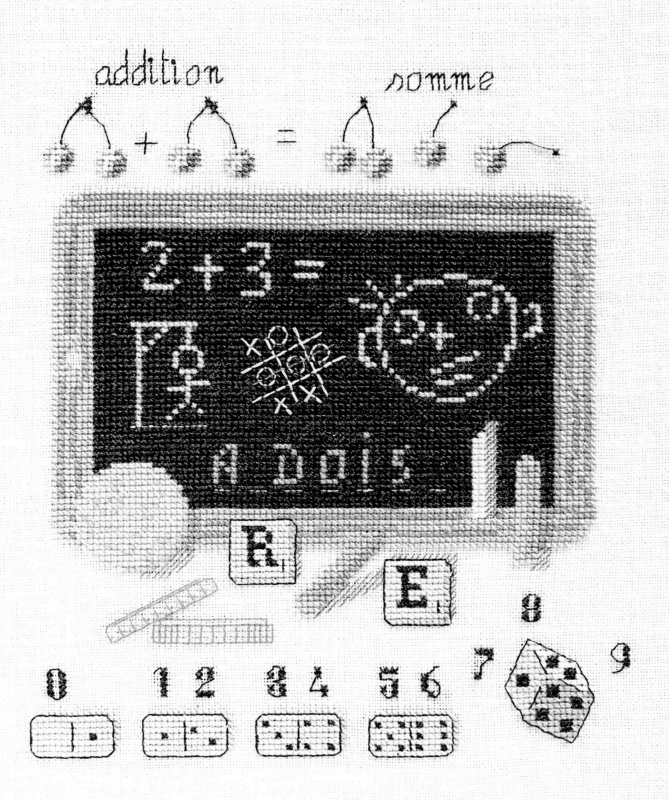

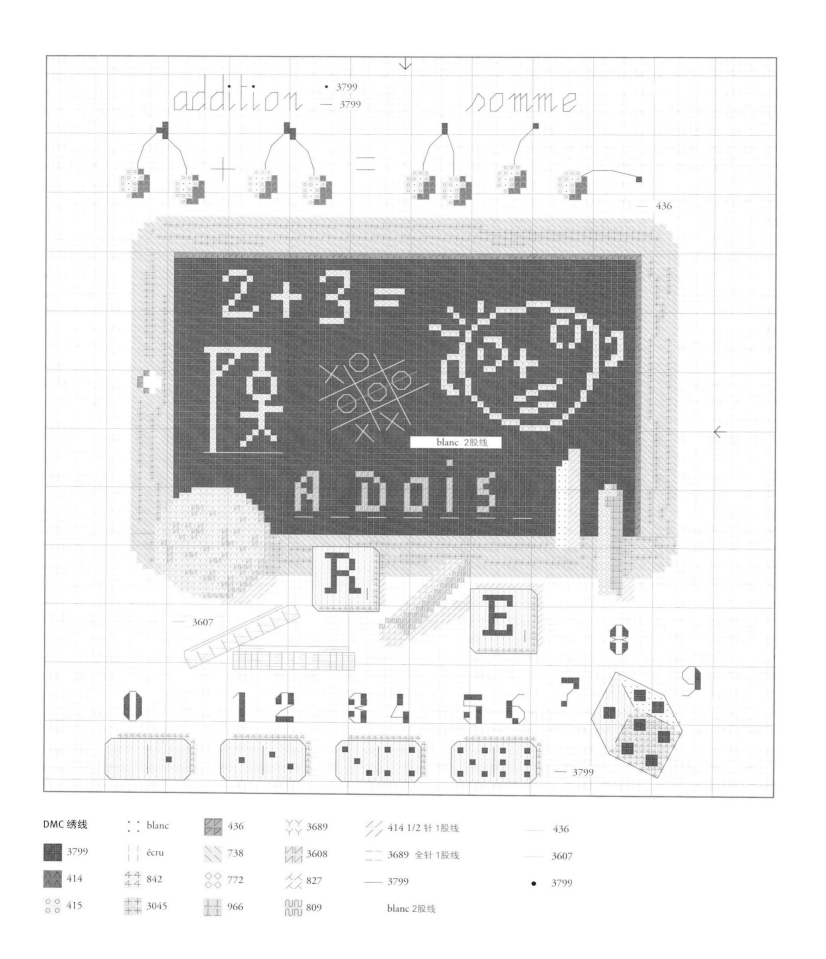

DMC 绣线

符号	色号		符号	色号		符号	色号
::	blanc		436		YY	3689	
3799			écru		738		
414		4 4 / 4 4	842		◇◇	772	
◦◦ / ◦◦	415		3045		966		

414 1/2 针 1股线 — 436

3689 全针 1股线 — 3607

3608 — 3799

827 blanc 2股线 • 3799

809

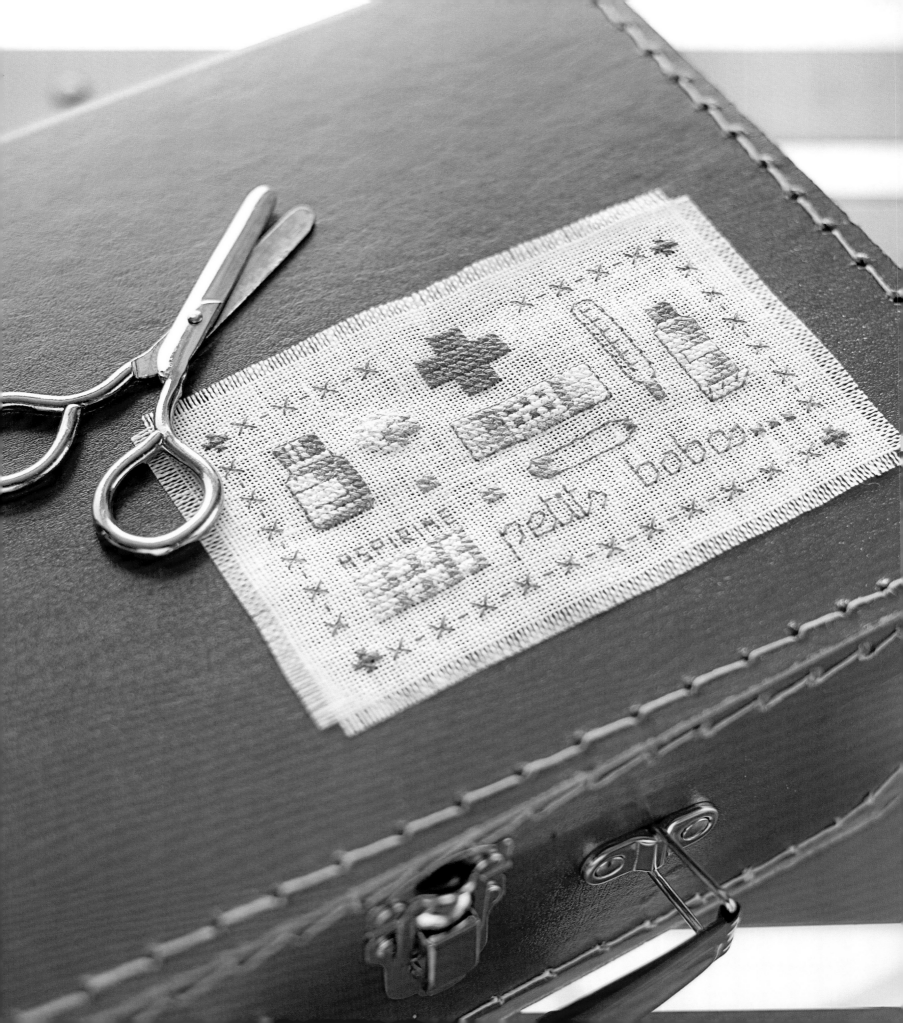

小小医药箱和下午茶

一小箱子的救护用品，一小盒的零食，还有其他的活动……

多么井井有条！

漂亮的小标签的详细制作方法参见第136页。

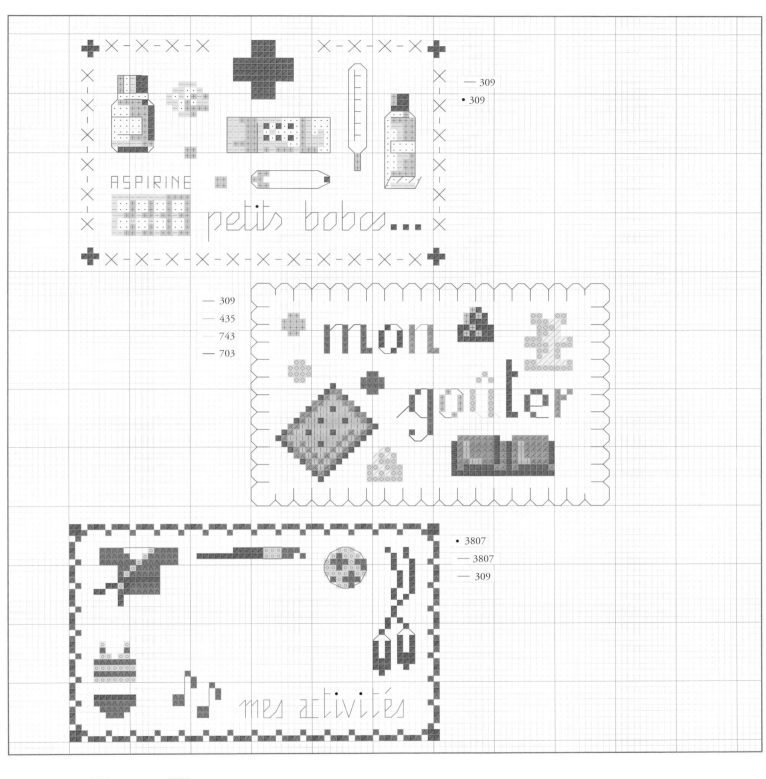

ASPIRINE

petits bobos...

— 309
• 309

— 309
— 435
— 743
— 703

mon
goûter

• 3807
— 3807
— 309

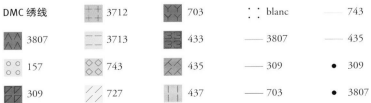

mes activités

DMC 绣线								
	3712		703		blanc		743	
3807		3713		433		— 3807		— 435
157		743		435		— 309		• 309
309		727		437		— 703		• 3807

・433 —— 433

—— 158 —— 3799 —— 987

—— 3799 ・3799

—— 987

—— 433 —— 309 ・309

若选用这些带有名字的标签，
具体操作的时候，
请读一读第37页的小建议。

DMC 绣线

209	727	436	blanc	—— 433	● 433		
158	309	987	738	—— 158	● 3799		
156	3712	704	3799	—— 987	● 309		
552	3821	433	415	—— 309			

绣上你的名字

学校里人来人往，每个人的衣服、裤子或是本子都混在一起，
很容易就把自己的东西弄丢了……这里有个神奇的办法！

塑料布包和小标签的制作方法参见第136页。

男孩还是女孩

本子和衣服是用红色还是蓝色，那可都是有讲究的。
您可以自行选择想要使用的颜色，绣上您孩子的名字。

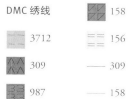
任何你想要绣上孩子名字的地方，都可以使用这些有边框的图案。
用十字绣针法绣字母的时候，可参考第93页的大写字母和第10～11页上的小写字母。
如果名字很长，请将字母部分的格子复印出来，用平针将字母标示出来。

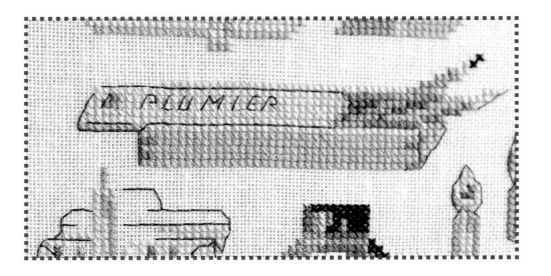

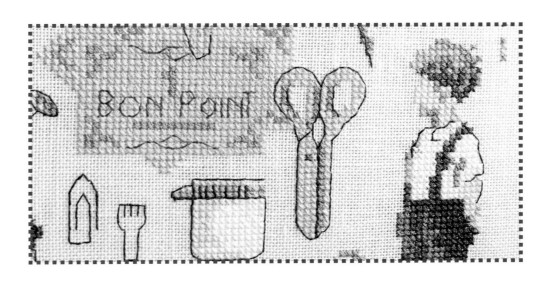

打开书包！

看看学生的书包里都藏了些什么——全是宝藏，
越是藏在底下的越珍贵……
绣画的装裱方法参见第143页。

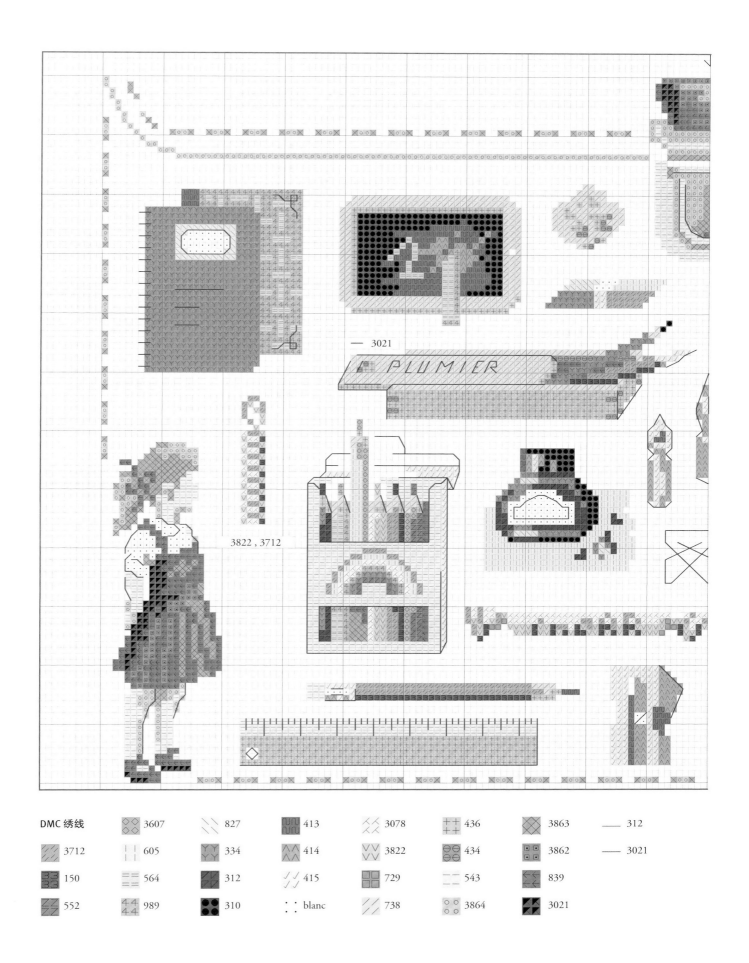

3021

PLUMIER

3822 , 3712

DMC 绣线

3607	827	413	3078	436	3863	—— 312
3712	605	334	414	3822	434	3862	—— 3021
150	564	312	415	729	543	839
552	989	310	blanc	738	3864	3021

— 312

BON POINT

为使绣制更方便，请将各部分绣图复印出来，
拼接在一起，对应到绣布的每一行、每一个绣格内。
箭头标示的是整个绣图纵横向的中心位置。
绣制完成后，再用绣线编一个法国吉祥结，具体的样式参见第38页。

美术工坊

学生们不一定要有艺术家的手艺。
这个漂亮的小袋子里装的都是你宝贵
的绘画用品。

具体制作方法参见第137页。

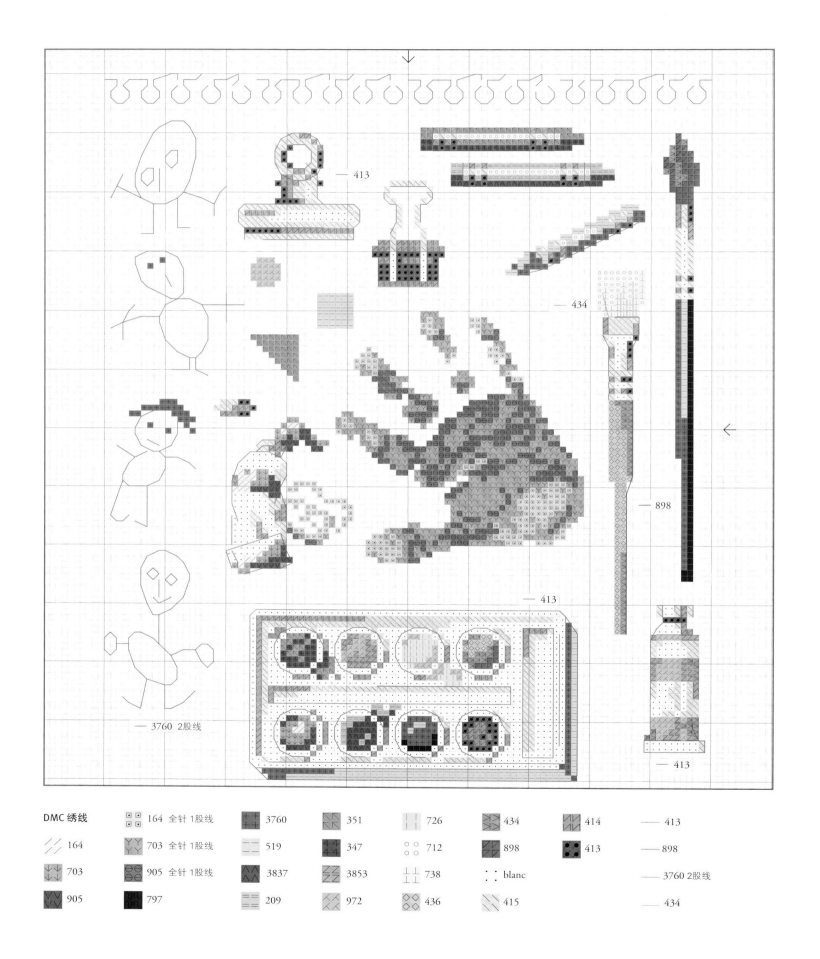

— 413

— 434

— 898

— 413

— 3760 2股线

— 413

DMC 绣线

⊡⊡ 164 全针 1股线	3760	351	726	434	414	— 413
∕∕ 164	∀∀ 703 全针 1股线	519	347	○○ 712	898	— 898
↓↓ 703	⊕⊕ 905 全针 1股线	3837	3853	⊥⊥ 738	⊡⊡ 413	— 3760 2股线
∀∀ 905	797	209	972	◇◇ 436	415	— 434

操场上

下课铃声响了……
操场上瞬间充满了叫声、笑声和玩游戏的声音。

pigeon vole
Jacques a dit

1 poule sur un mur

chandelle

colin-maillard

4 coins

chat

la pichenette

ciel
7 8
6
4 5
3
2
1
terre

cache-cache

la roule

pigeon vole

jacques a dit

1 poule sur un mur

chandelle

colin-maillard

4 coins

terre

chat

cache-cache

la pichenette

la roule

DMC 绣线

3822	167	164	3042 全针 1股线
3325	3820	3713	988
334	3799	350	—— 3858
930	839	816	• 3858

课间休息

我们父辈小时候做的游戏虽一代代传承下来，但已经不再流行了。
如今的孩子们用一些简单的道具就可以玩得很开心。

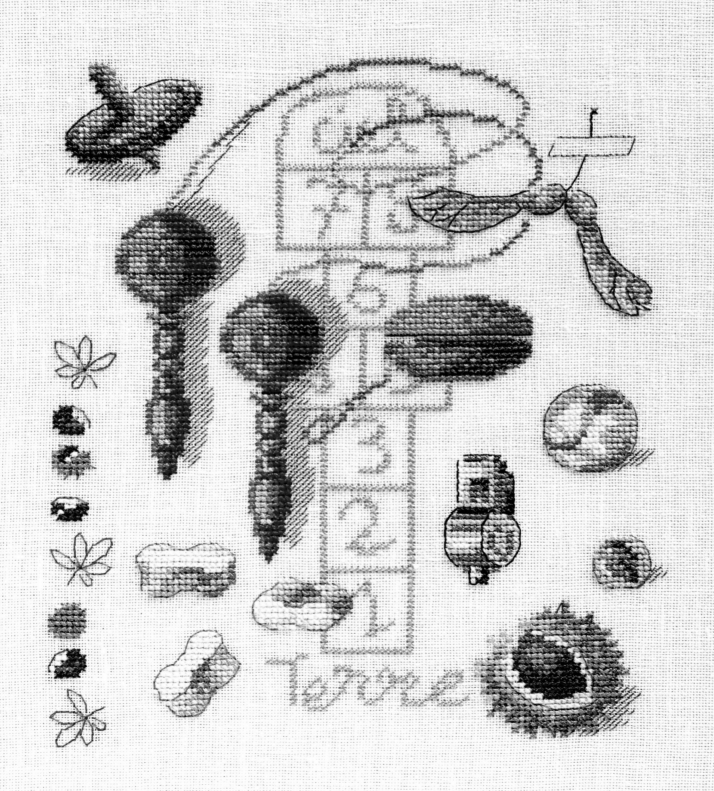

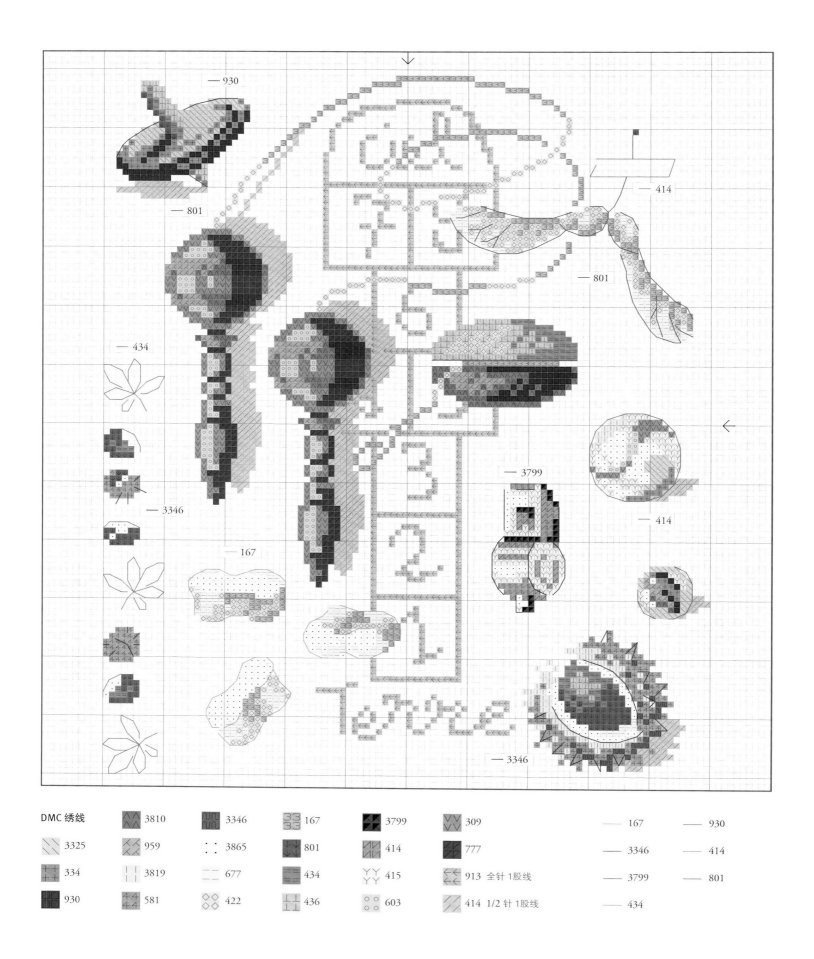

DMC 绣线

3810	3346	167	3799	309	— 167	— 930
3325	959	3865	801	414	— 3346	— 414
334	3819	677	434	415	913 全针 1股线	— 3799	— 801
930	581	422	436	603	414 1/2 针 1股线	— 434

永远的玩具

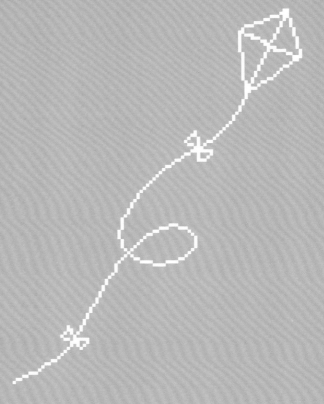

Jeux d'hier ✕✕✕✕✕✕✕ ✕✕✕ d'aujourd'hui

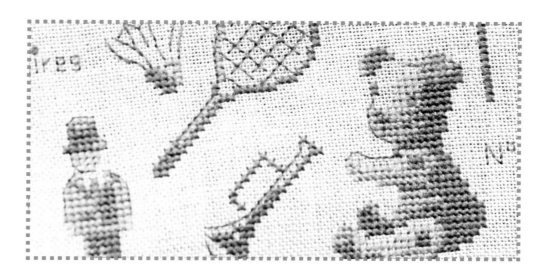

漂亮的玩具套装

木偶戏剧场、瓷娃娃、槌球游戏……
这个布筐用来放玩具刚刚好。

具体制作方法参见第137页。

DMC 绣线

▦	839	◇◇	840 全针 1股线
▨	3350	⁄⁄	840 1/2 针 1股线
●	839	——	839
		——	3350

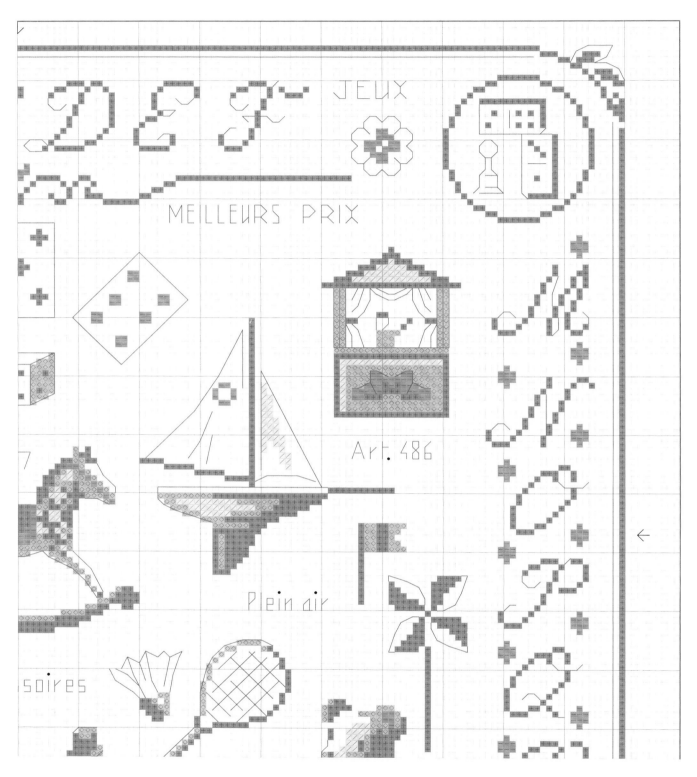

为使绣制更方便，
请将各部分绣图（本页、本页背面和下一页）复印出来，
拼接在一起，对应到绣布的每一行、每一个绣格内。
箭头标示的是整个绣图纵横向的中心位置。

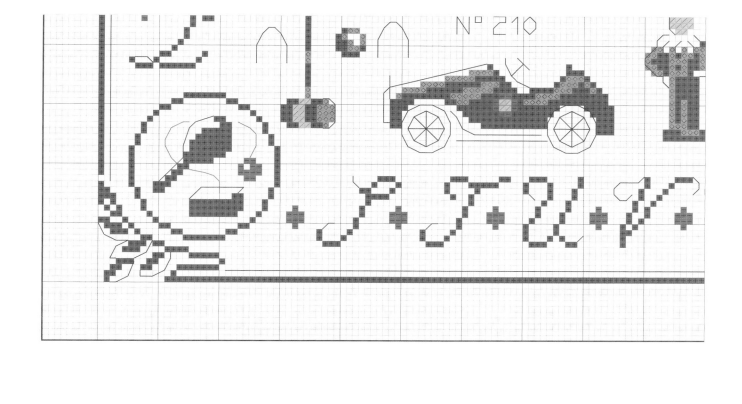

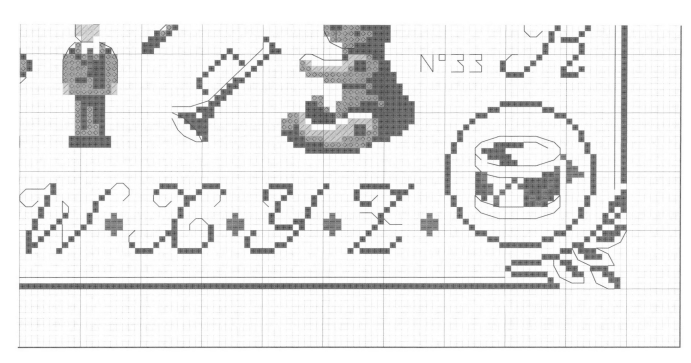

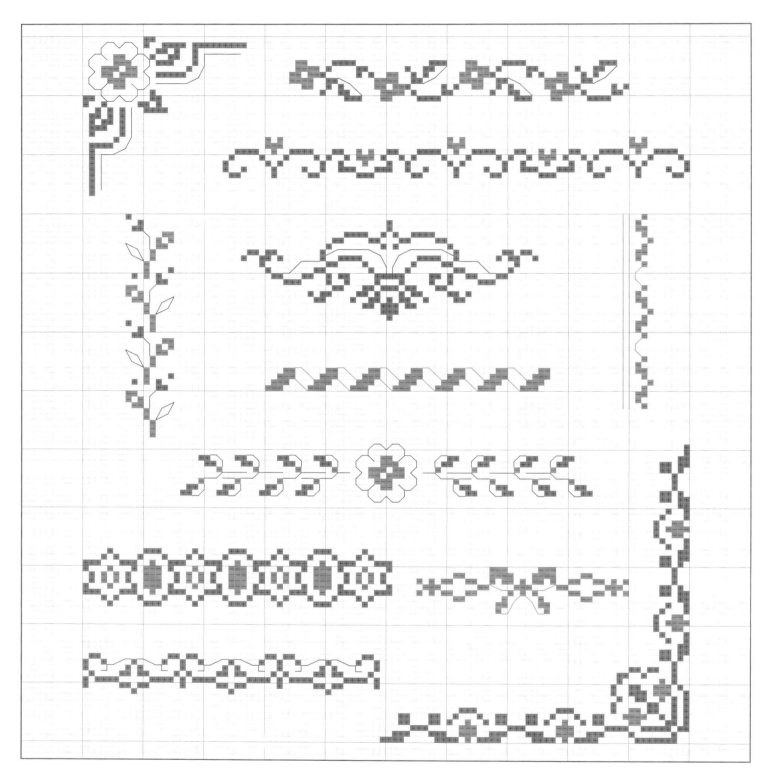

不要犹豫，你完全可以自己设计一些小图案绣来装饰，
或是从本书其他图案中选择一些用在此处作装饰。

我的毛绒玩具熊

玩具熊被弄坏了，
它很不高兴……快拿起手中的针线，
让它重新神采奕奕起来！

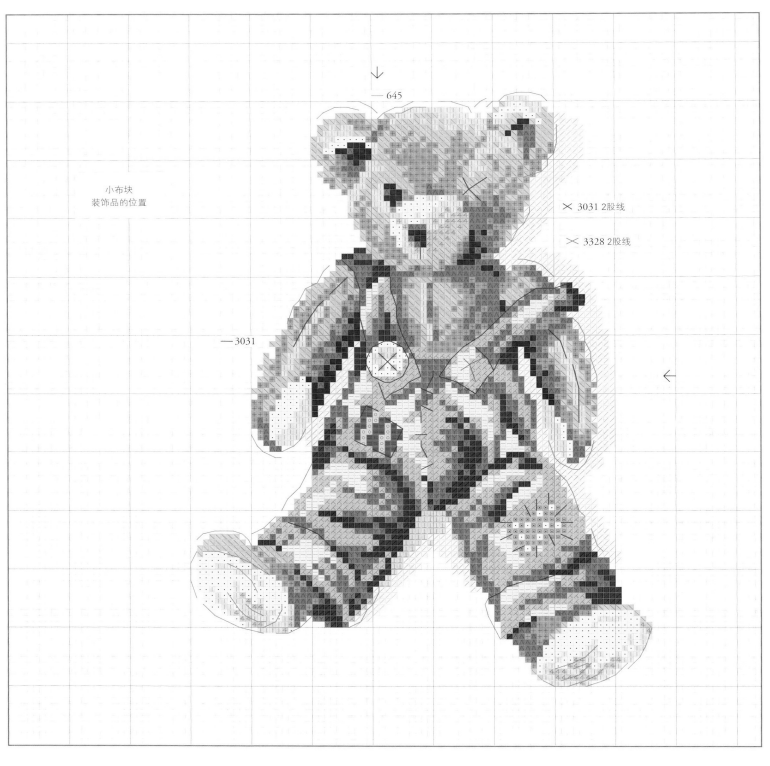

小布块
装饰品的位置

↓
— 645

✕ 3031 2股线

✕ 3328 2股线

— 3031

←

小熊图案很容易会绣偏了，
可以从中间将绣图平均分成两部分绣。

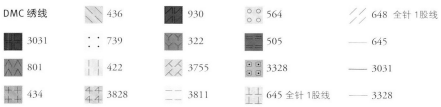

DMC 绣线				
	436	930	564	648 全针 1股线
3031	739	322	505	— 645
801	422	3755	3328	— 3031
434	3828	3811	645 全针 1股线	— 3328

玩具王国

用一幅漂亮的绣画，或是一个迷人的小布包，来缅怀你的童年。
绣男孩还是女孩，随你选择！
完整的制作方法参见第138页和第143页。

DMC 绣线

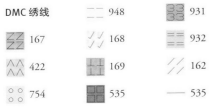

DMC 绣线

■ 535	— 535	
⊿ 167	⊞ 931	
∧ 422	☰ 932	
✛ 739	⁄⁄ 162	

绣制大写字母时，可参考第64～65页的字母表。

— 3830

— 535

DMC 绣线

:: blanc
◇◇ 402
○○ 754
ᴨᴨ 502
ⁿⁿ 168
— 3830

⊿⊿ 167
║║ 745
◿◿ 3776
══ 948
≋≋ 931
⊞⊞ 169

∧∧ 422
✕✕ 676
◹◹ 3830
⊡⊡ 369
≣≣ 932
▦▦ 535

++ 739
44 729
◳◳ 3778
ᴠᴠ 368
⁄⁄ 162
— 535

为使绣制更方便，
请将各部分绣图复印出来，拼接在一起，对应到绣布的每一行、每一个绣格内。
箭头标示的是整个绣图纵横向的中心位置。
如果是为男孩子绣的作品，就选用第61页的图案，剪影是一个小男孩的图案。
绣名字和出生日期时，请参考下页图案中的字母表和数字。

DMC 绣线

 931

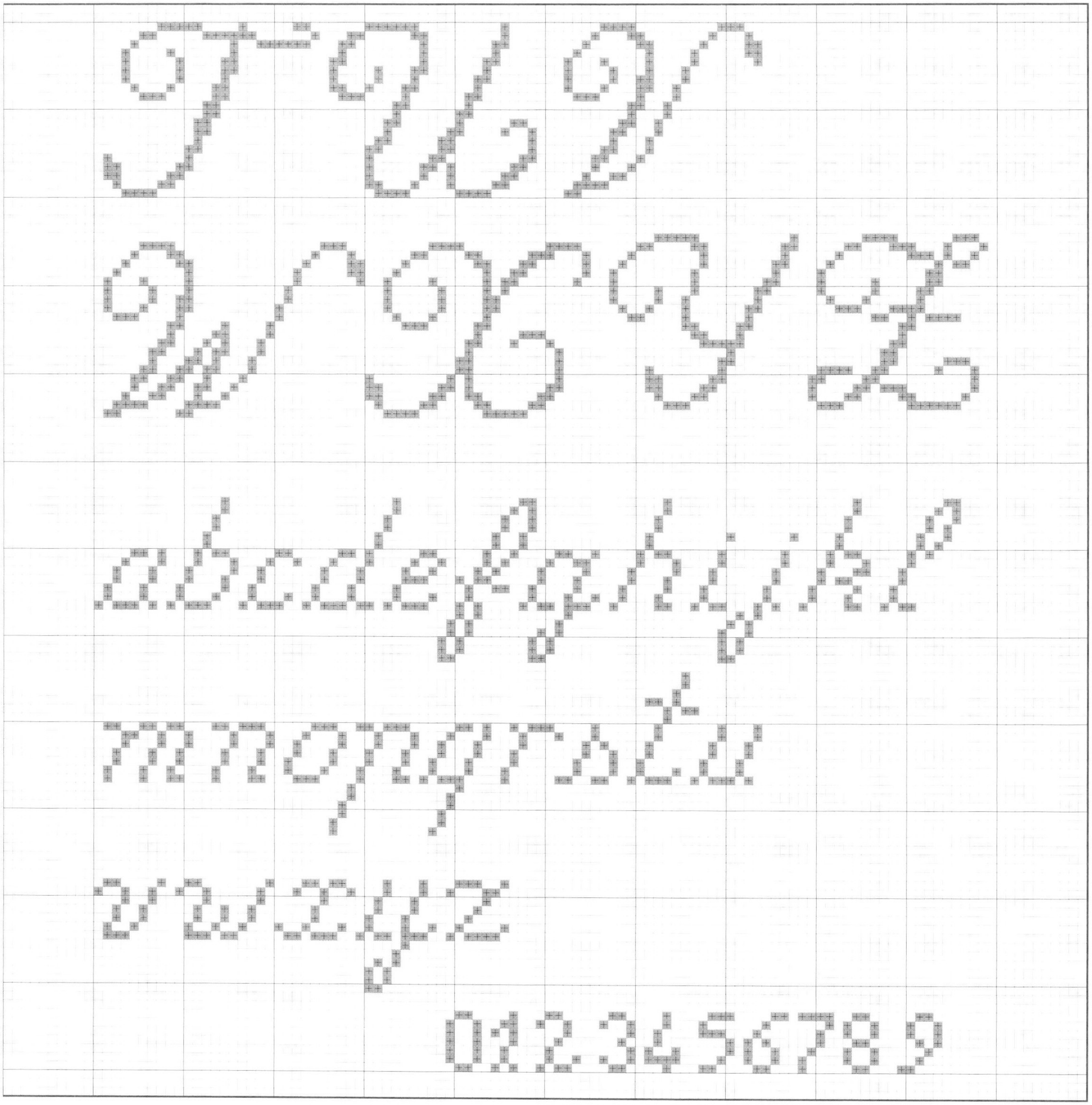
TUV
WXYZ
abcdefghijkl
mnopqrstu
vwxyz
0123456789

小熊肖像

"妈妈，你认识小熊一家吗？"

"这个漂亮的靠垫上就是小熊一家的全家福照片。"

制作方法参见第142页。

— 3021   — 317

maman
— 317
• 317

papa

mam

grand'pa

mes copains

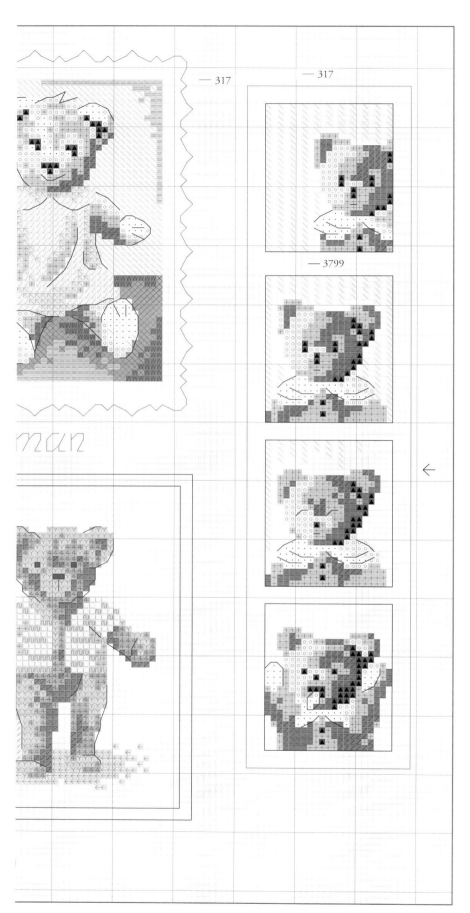

— 317

— 317

— 3799

←

DMC 绣线

▲▲	3799	⌄⌄	3064
ᴡᴡ	3799 全针 1股线	╱╱	3064 全针 1股线
▨	317	▤	611
⊠	317 全针 1股线	╫	612
++	318	╱╱	613
═	318 全针 1股线	╫	3041
╱╱	318 1/2 针 1股线	⦂⦂	3836
∘∘	415	⌄⌄	353
∴	blanc	╱╱	948
╫	3864	✕✕	739
✕✕	3863	━━	739 全针 1股线
↓↓	3863 全针 1股线	◇◇	422
←←	3863 1/2 针 1股线	⋀⋀	167
◸◸	839	╧	3753
▣▣	839 全针 1股线	∿∿	932
▨	3021	──	317
◺◺	632	──	3021
44	3772	──	3799
		●	317

这两部分可以绣成一张绣画。

为使绣制更方便，请将各部分绣图复印出来，
拼接在一起，对应到绣布的每一行、每一个绣格内。
箭头标示的是整个绣图纵横向的中心位置。

布娃娃

谁没幻想过拥有一个手缝的布娃娃?

这里就有一张漂亮的布娃娃图纸。

何不现在就照做一个呢?

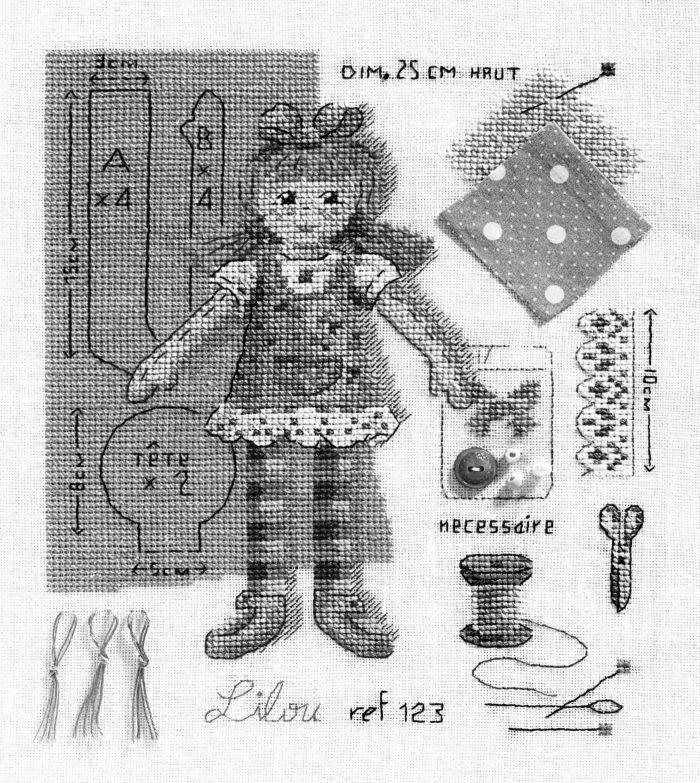

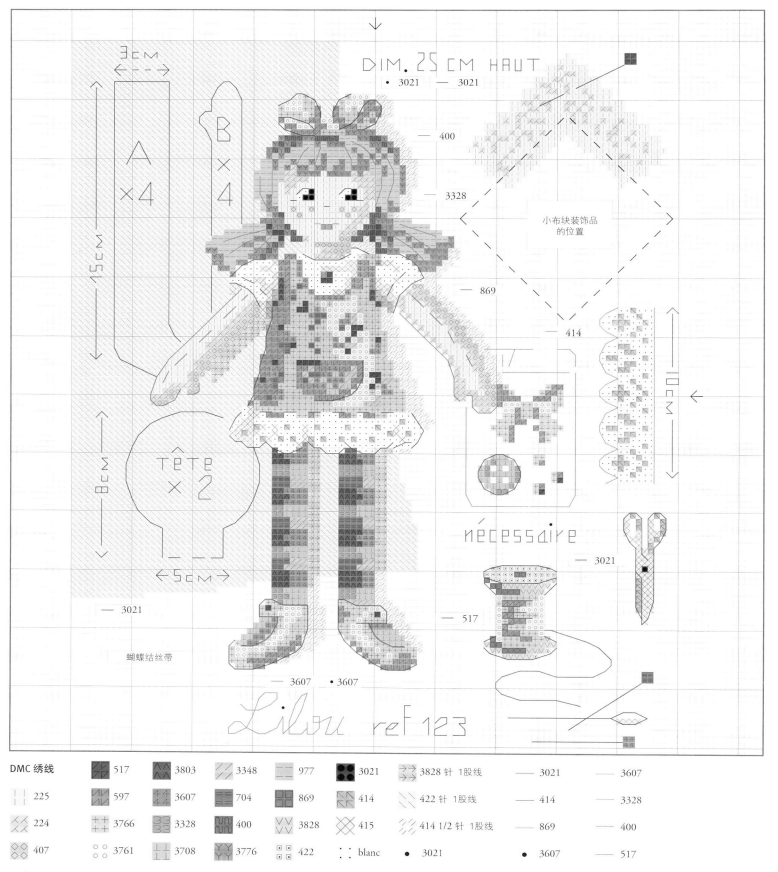

完成绣图后，如果有兴趣，你完全可以照绣图上的布娃娃图纸制作一个真的布娃娃。
准备好图纸所示的缝纫工具和材料（剪刀、蝴蝶结丝带、珠子和纽扣），照绣图的样子裁剪。

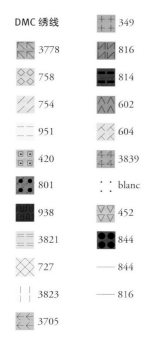

DMC 绣线

3778		349	
758		816	
754		814	
951		602	
420		604	
801		3839	
938		blanc	
3821		452	
727		844	
3823	—	844	
3705	—	816	

绣名字时，可参考第93页的
字母表。

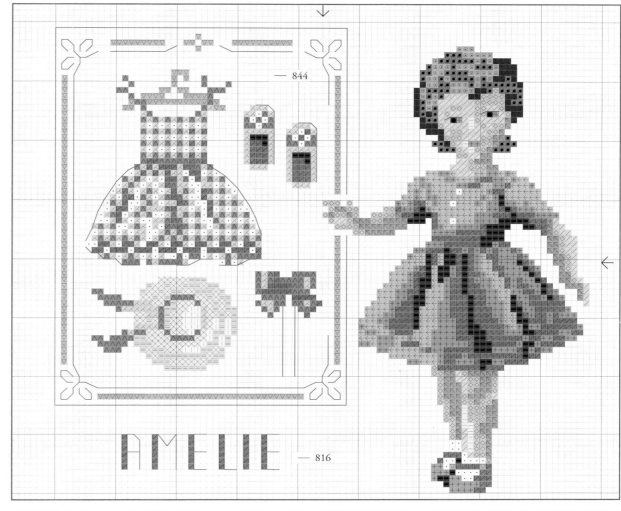

— 844

AMELIE — 816

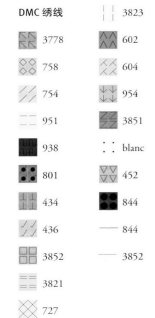

DMC 绣线

3778		3823	
758		602	
754		604	
951		954	
938		3851	
801		blanc	
434		452	
436		844	
3852	—	844	
3821	—	3852	
727			

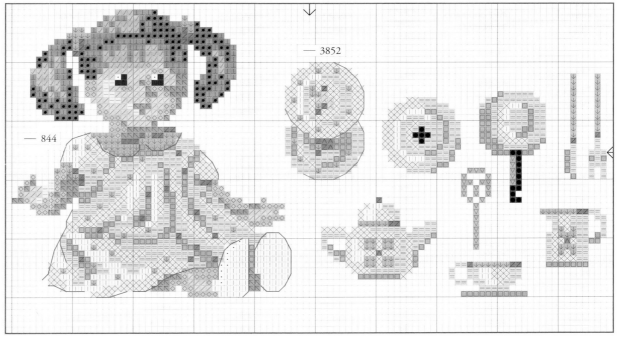

— 3852

— 844

过家家

一个篮子用来放丝巾，
一个篮子用来放内衣，井井有条。
制作方法参见第143页。

换装娃娃贴纸

每个小女孩都喜欢给贴纸娃娃换衣服！
乡村风格的裙装和校服洋装，该选哪一个呢？

DMC 绣线

3716	3838	3854	437	775		869
758	899	341	3855	3799	blanc	3838
967	3832	989	869	414		3799
948	158	721	435	168		3832

洋娃娃

你怎么可能会忘记你的第一个洋娃娃，
忘记曾经和它共度的那些欢乐时光……

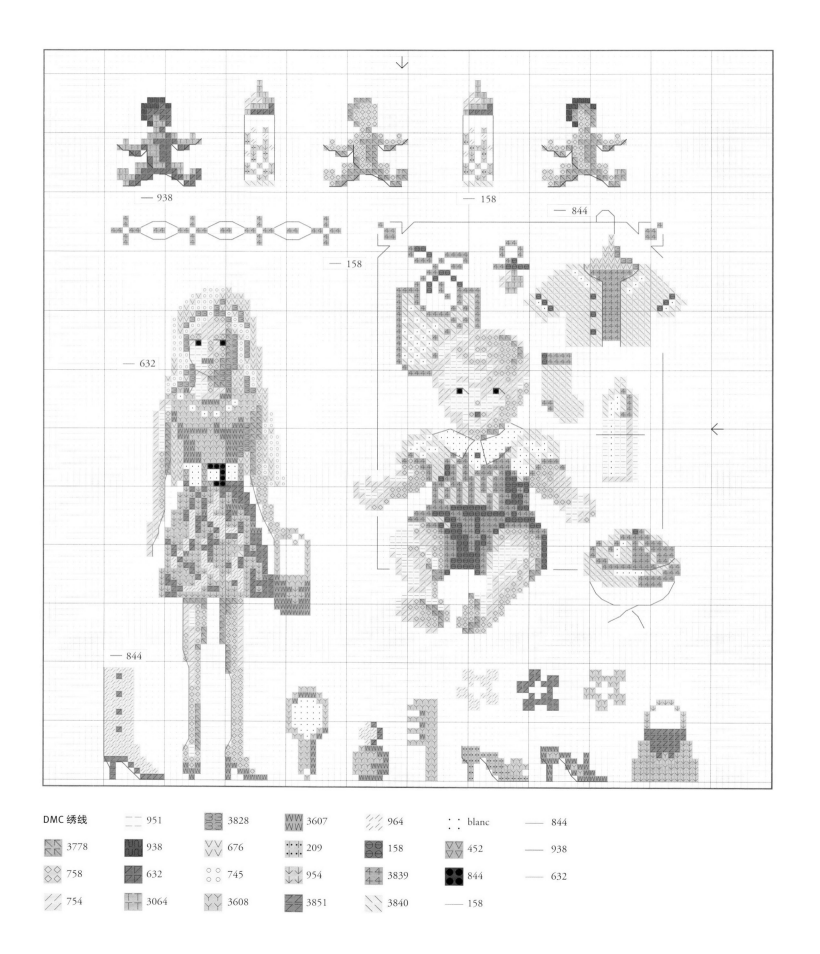

DMC 绣线

	951		3828		3607		964		blanc	—	844
	3778		938		676		209		158		452	—	938
	758		632		745		954		3839		844	—	632
	754		3064		3608		3851		3840	—	158		

骰子游戏

抛出骰子，
根据颜色和点数前进几个格……
注意不要走到停走格！
游戏板制作方法参见第136页。

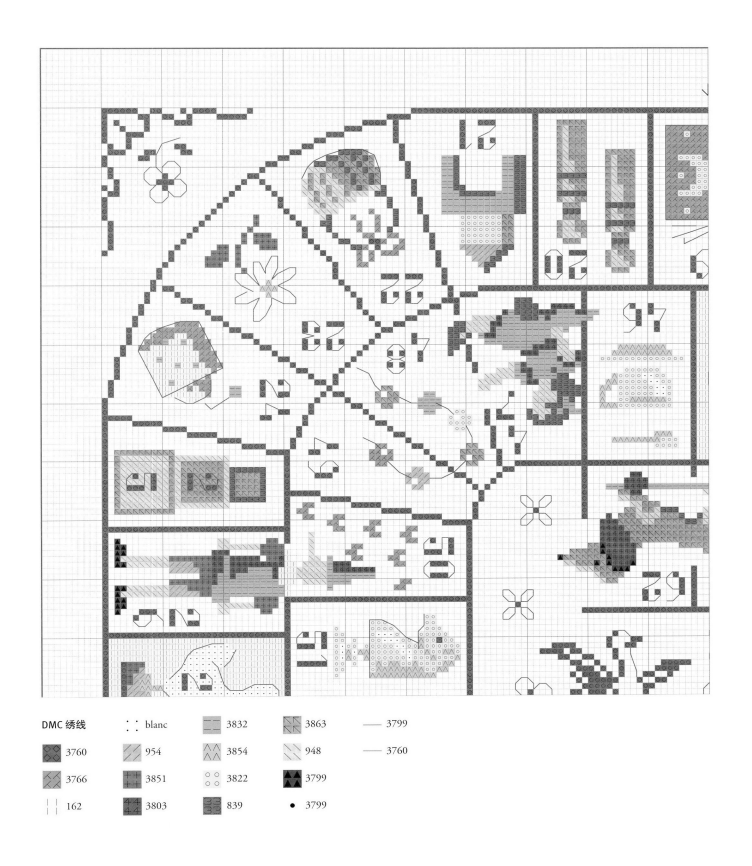

DMC 绣线

∴ blanc	⊟ 3832	◪ 3863	—— 3799
⧳ 3760	⬕ 954	⋀⋀ 3854	⬔ 948	—— 3760
⬔ 3766	⧻ 3851	○○ 3822	▲▲ 3799
‖‖ 162	⧻ 3803	⬓ 839	• 3799

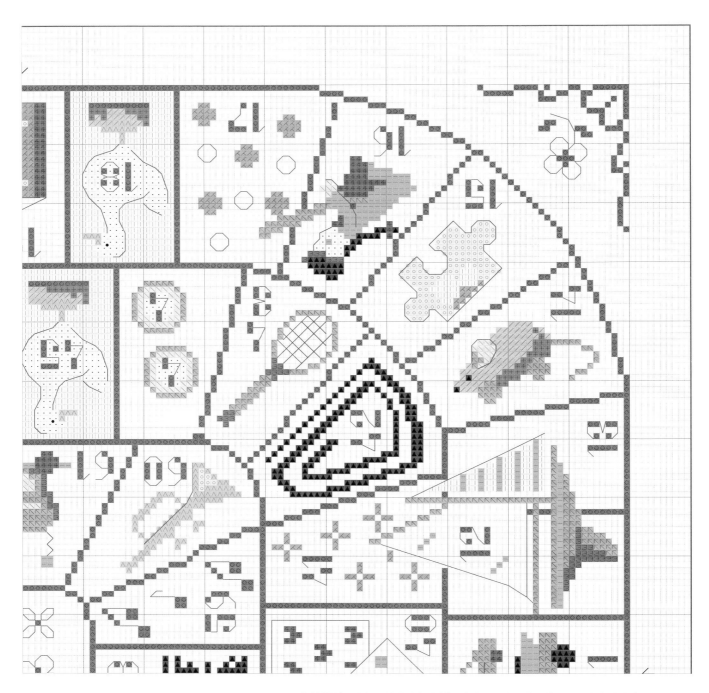

为使绣制更方便，请将各部分绣图（本页、本页背面和下一页）复印出来，
拼接在一起，对应到绣布的每一行、每一个绣格内。
箭头标示的是整个绣图纵横向的中心位置。

— 3760

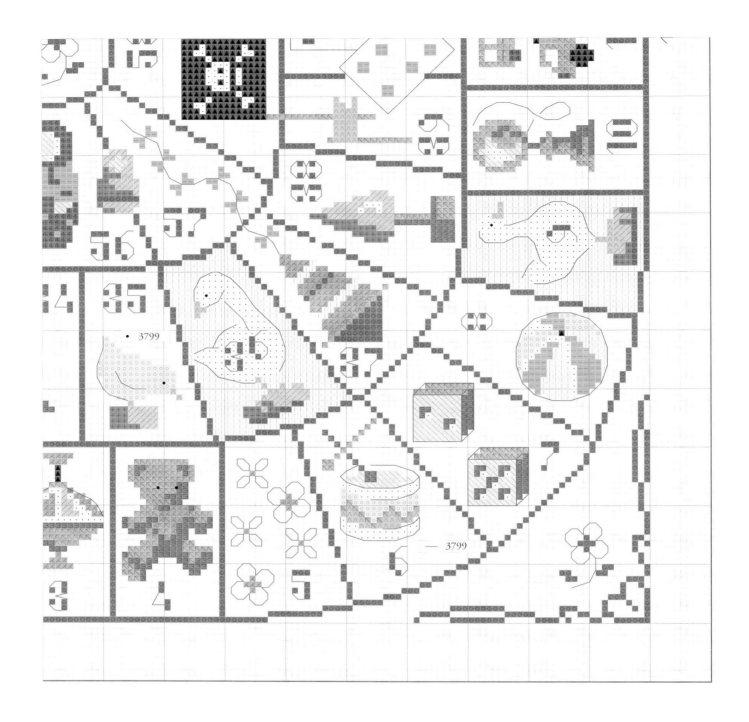

3799

— 3799

发条玩具

将所有发条玩具的图案都绣出来，组成一幅漂亮的绣图，
或者只将其中一个绣在衣服上。

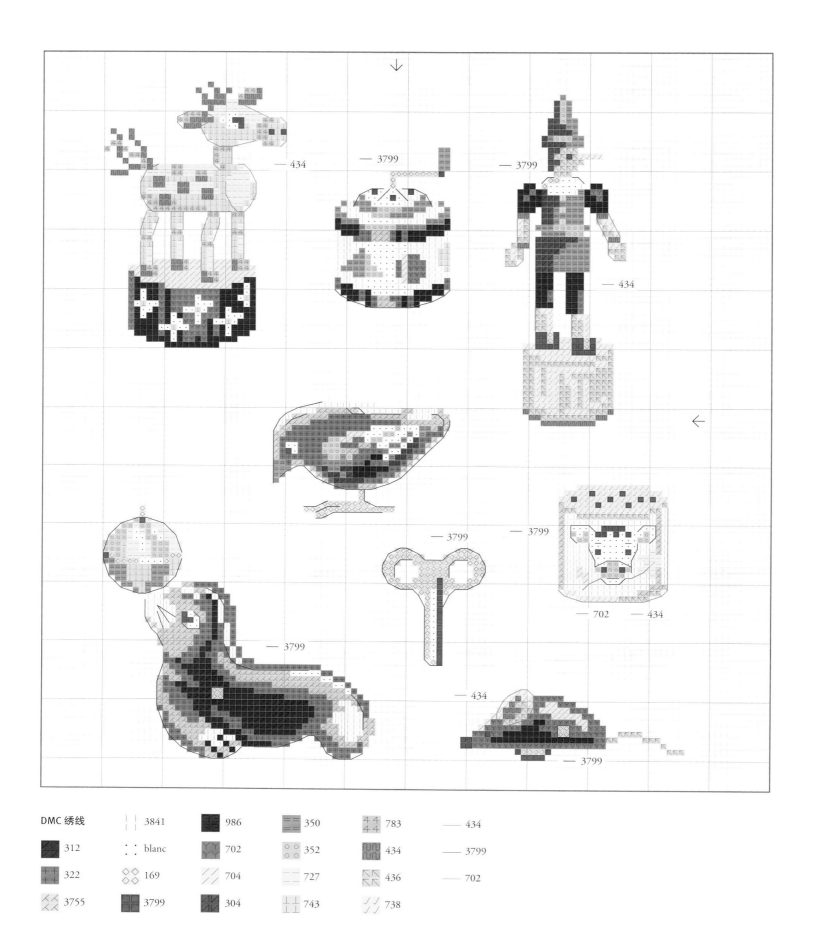

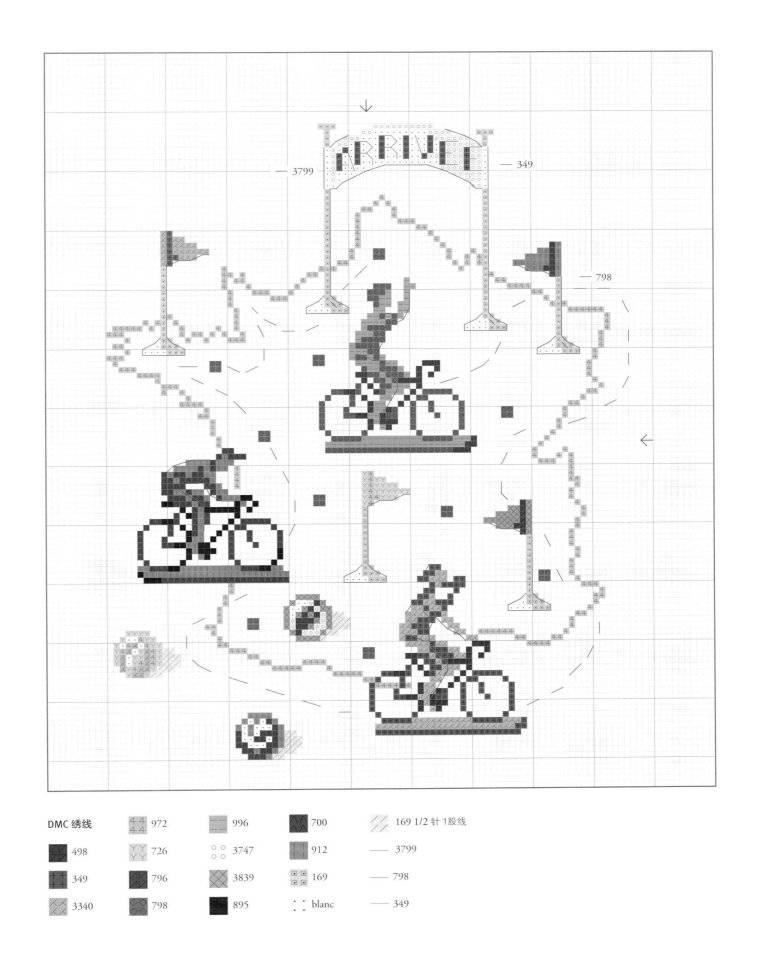

DMC 绣线			
972	996	700	169 1/2 针 1股线
498	726	3747	912
349	796	3839	169
3340	798	895	blanc

— 3799
— 798
— 349
— 3799
— 349
— 798

冲过终点线！

这个布筐可以用来装小玩具、
小零碎或是其他舍不得扔的小东西。
制作方法参见第138页。

在路上

敞篷车、小卡车，风格随你选。
学徒驾驶员上路，要学习交通规则！

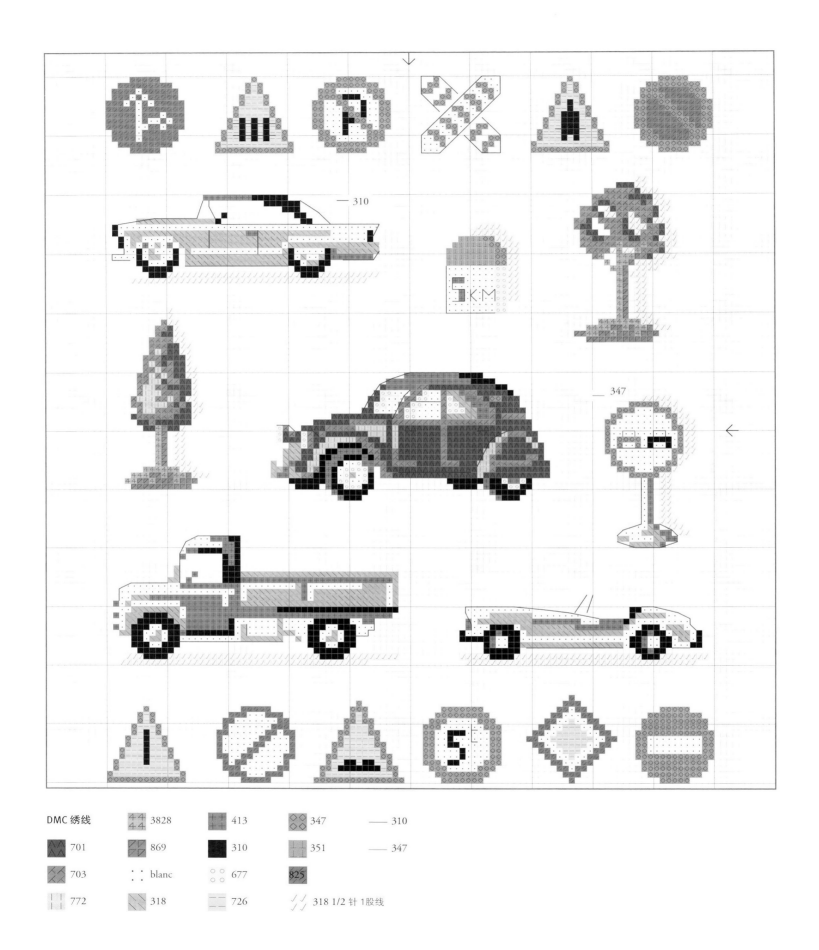

DMC 绣线

3828	413	347	—— 310
701	869	310	351	—— 347
703	blanc	677	825	
772	318	726	318 1/2 针 1股线	

征服宇宙

用漂亮的金属线绣制。
这些机器人永远是男孩子们的梦想，也是爸爸们的梦想。

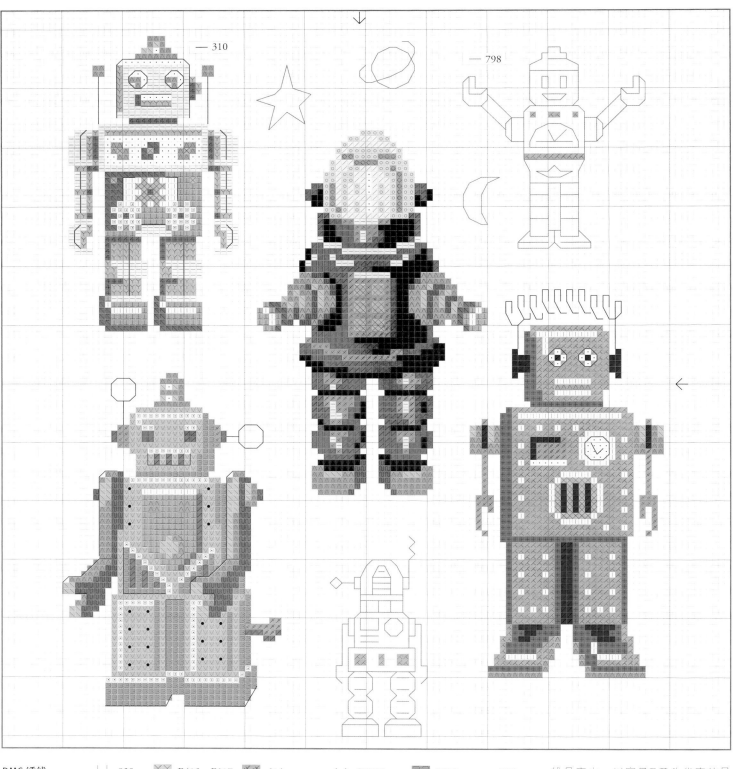

DMC 绣线		‖‖ 828	ꓝꓝ E415 + E317	⬕⬕ 414	⁞⁞ B5200	▨▨ 3853	— 798
▨▨ 310 + E317	╤╤ 799	ꟻꟻ E317	⬗⬗ E155 + E316	ꕤꕤ E321	▨▨ 3854	— 310
▨▨ E334 + E317	ꓘꓘ 798	▲▲ 310	∘∘ E316	⋀⋀ 3705	⊡⊡ E746
⬩⬩ E334	⹃⹃ E415	▨▨ 3799	⫽⫽ E818	▨▨ 3708	⬖⬖ E3821

线号表中，以字母E开头代表的是DMC金属线线号。这里针对不同的图案，使用了两种颜色的混合绣。
每种颜色均使用1股线。
你会发现两种绣线颜色色调上的细微差别。

我的小天地

将孩子的名字
和他最喜欢的机器人绣在一个小牌子上，
代表着这扇门后，
便是他的天地了。

制作方法及窍门参见第139页。

DMC 绣线

	828		E3821
	E334		799		3705
	E415		798		3708
	E415 + E317		B5200	—— 798
	E317		E746	—— 310

绣制孩子名字的时候，请参考右侧的字母表。如果名字很长，请从下面的字母表中选择字母，或者绣一个其他的单词，如"bonjour［你好］"。

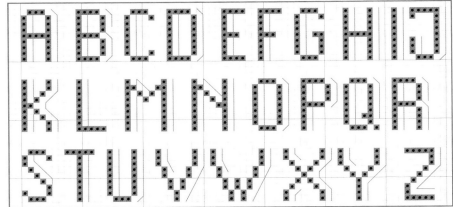

周末和假期

Mercredis, jeudis
et
grandes Vacances

DMC 绣线

760	3772	434	746	318	898
3777	754	632	436	989	317	317
3328	407	898	738	415	3865	3777

绣名字的时候，可参考下图字母表。

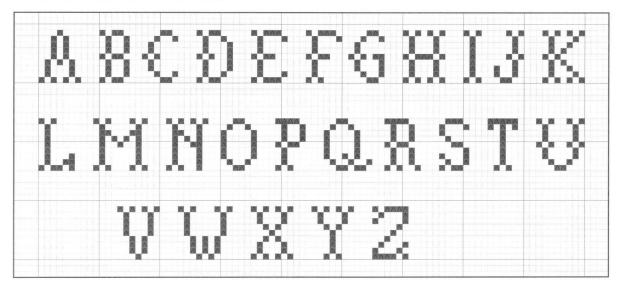

茶点时光

热巧克力的香气伴着小零食的诱惑，
调动了你的味蕾。

漂亮餐巾袋的制作方法参见第140页。

可以从这张绣图中选择任意图案，
绣在漂亮的餐巾袋上，
它们将为你的下午茶增色不少。

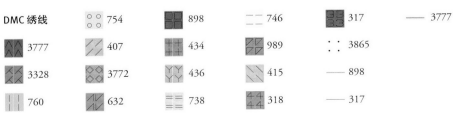

DMC 绣线					
	754	898	746	317	3777
3777	407	434	989	3865	
3328	3772	436	415	898	
760	632	738	318	317	

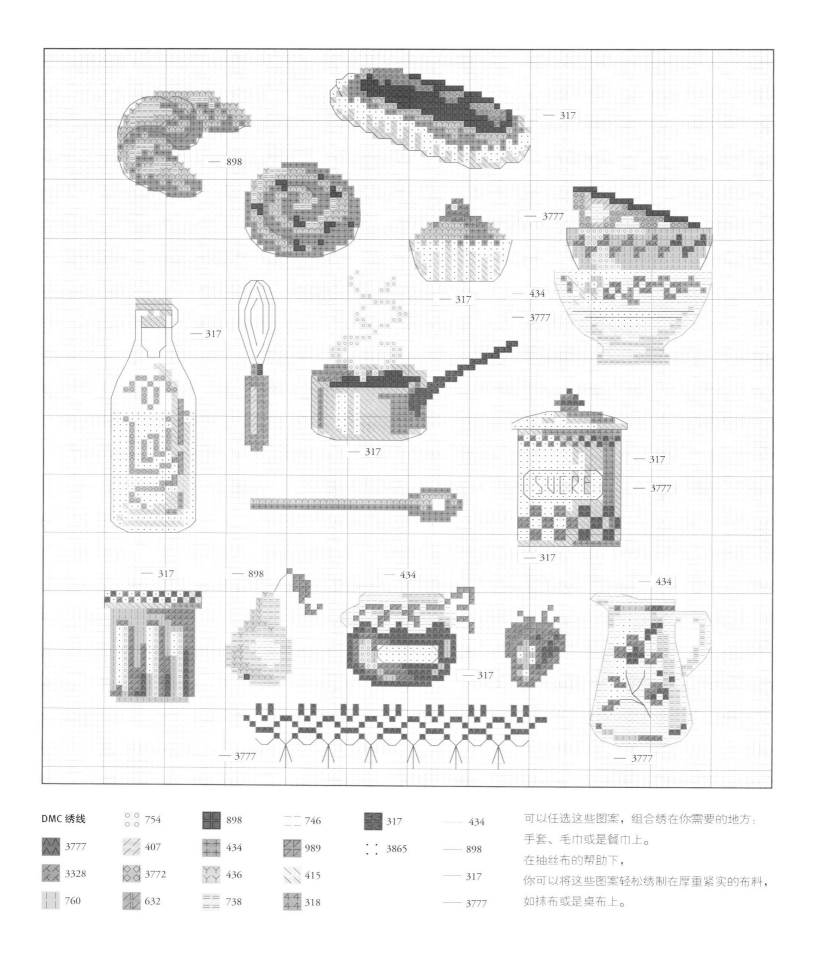

DMC 绣线

° ° 754	▦ 898	﹏ 746	▨ 317
▨ 3777	▨ 407	⊞ 434	▨ 989
▨ 3328	▨ 3772	Y 436	▨ 415
▨ 760	▨ 632	═ 738	▨ 318

— 434
— 898
— 317
— 3777

: : 3865

可以任选这些图案,组合绣在你需要的地方:
手套、毛巾或是餐巾上。
在抽丝布的帮助下,
你可以将这些图案轻松绣制在厚重紧实的布料,
如抹布或是桌布上。

打开糖果盒

"妈妈，你知道什么事情对于我来说最痛苦吗？是爸爸总是把我当作大人，

和我讲道理。

要我说，糖果比那些大道理有意义多了。"

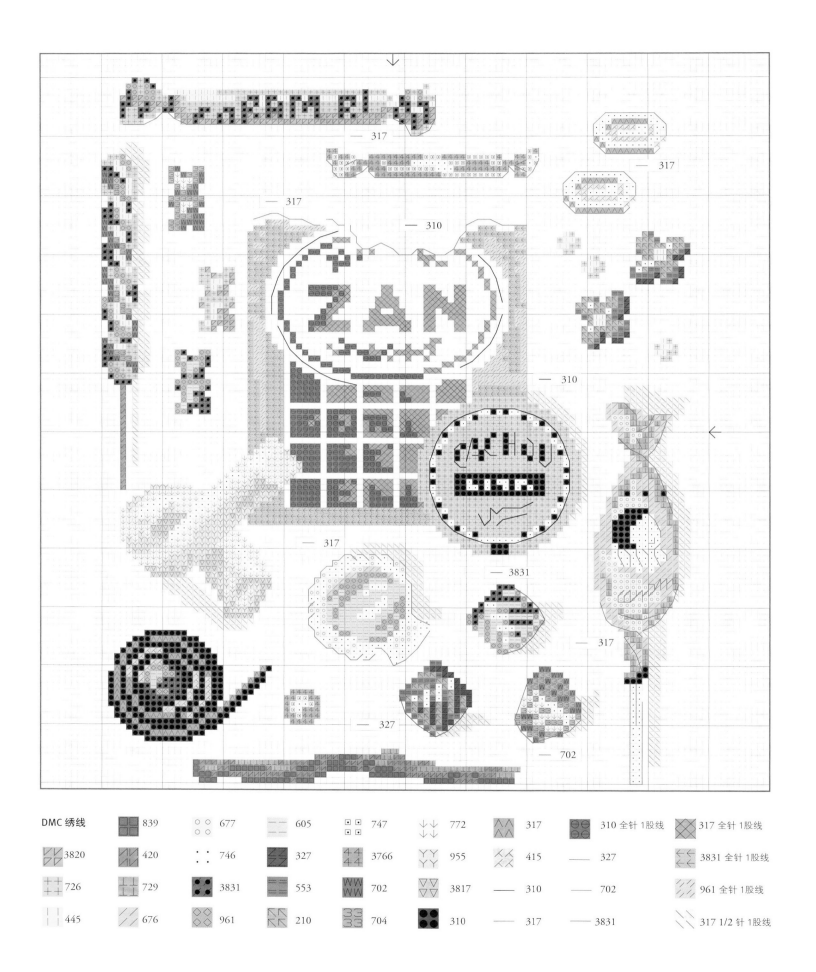

四季果袋

这个袋子十分实用。它可以用来装小零食或是你最喜欢的金色头饰，
同时还满满地盛着你的美好回忆。

制作方法参见第140页。

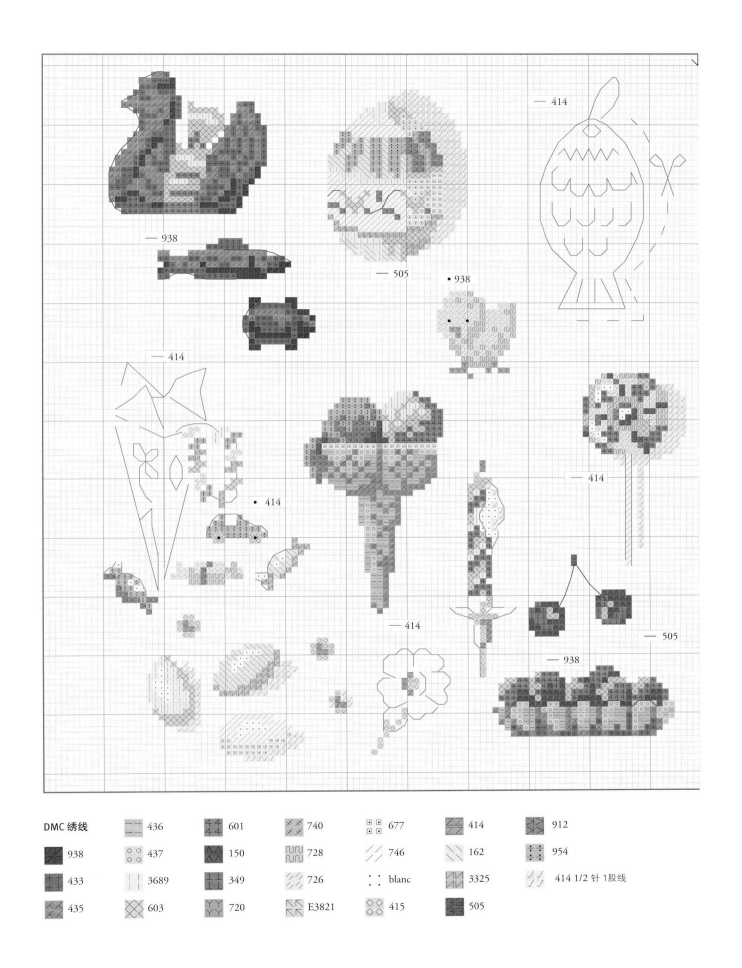

DMC 绣线		436		601		740		677		414		912
		938		437		150		728		746		162		954
		433		3689		349		726		blanc		3325		414 1/2 针 1股线
		435		603		720		E3821		415		505

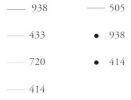

—— 938	—— 505
—— 433	● 938
—— 720	● 414
—— 414	

自由选择你想要绣制的图案，也可以从第101页的图案中挑选。
线号表中若以字母E开头，代表该处需使用DMC金属线。
若将此绣图完整绣制，可成为一张漂亮的绣画。
为使绣制更方便，请将各部分绣图复印出来，拼接在一起，
对应到绣布的每一行、每一个绣格内。
箭头标示的是整个绣图纵横向的中心位置。

针线包

今天下午，拇指姑娘又在辛勤劳动。
织毛衣、针线活、刺绣、装饰，样样精通！

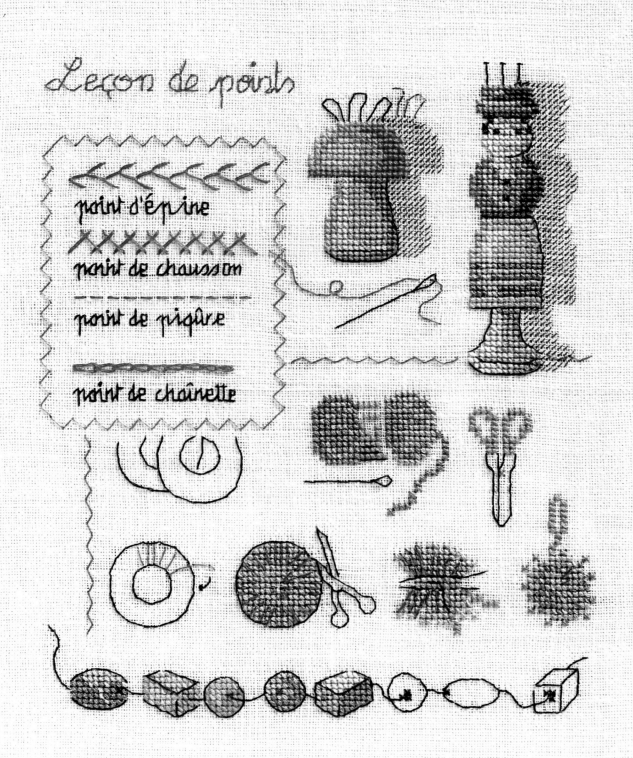

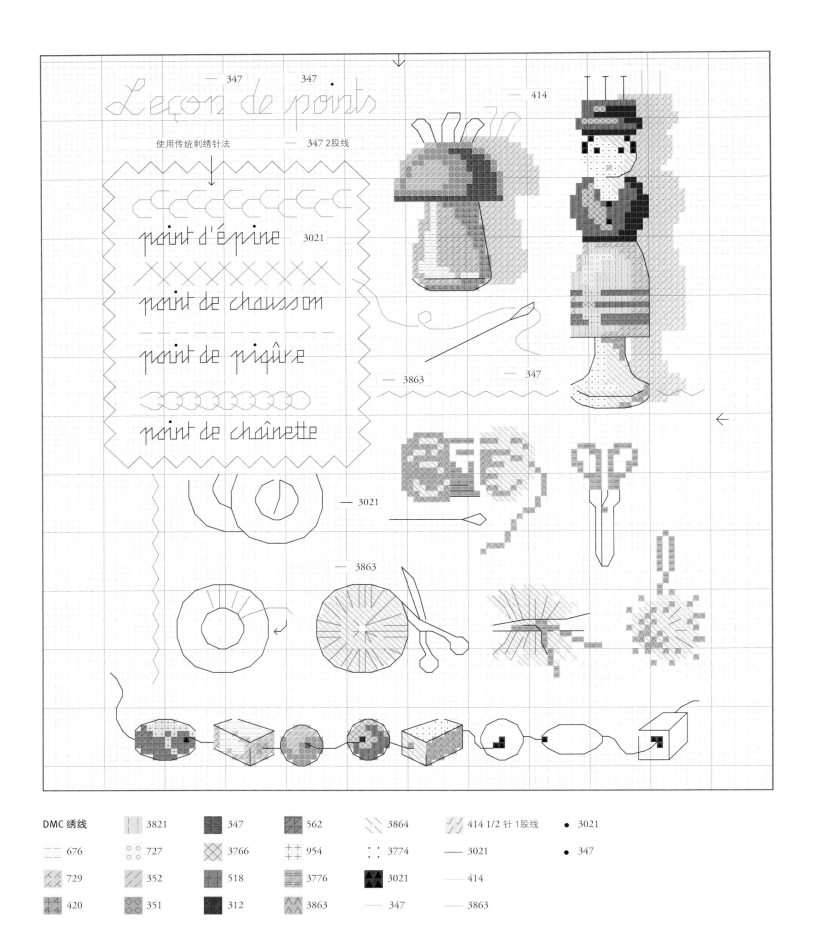

Leçon de points

使用传统刺绣针法

— 347   347 •
— 414
— 347 2股线

point d'épine   3021

point de chausson

point de piqûre   3863

point de chaînette   347

— 3021

— 3863

风车和风筝

磨坊主，磨坊主，你的风车，你的风车飞速转！

磨坊主，磨坊主，你的风车，你的风车力气大！

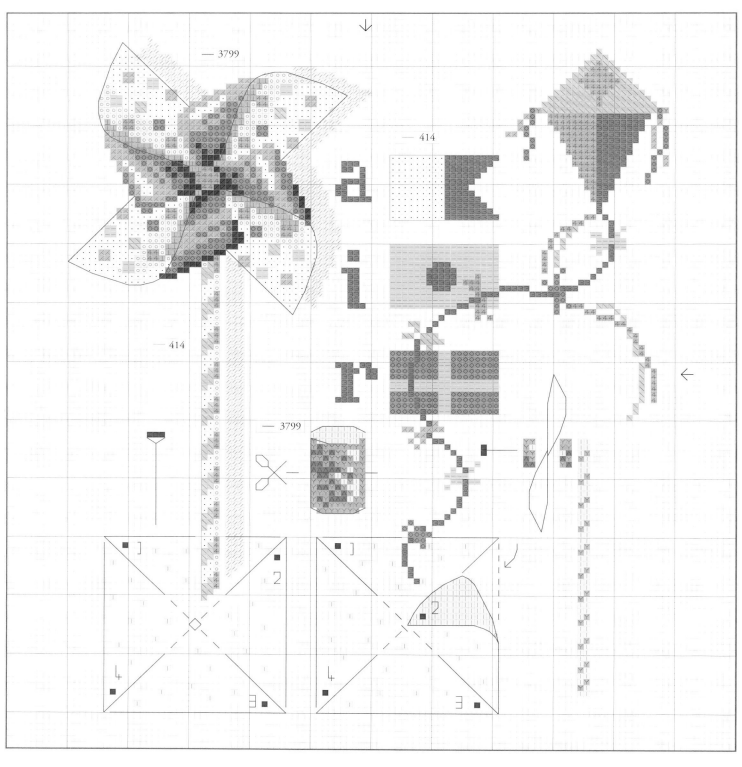

DMC 绣线

	150	∴ blanc	839	— 3799
— 744	517	○○ 168	3863	— 414
352	959	414	3864	
3832	164	3799	414 1/2 针 1股线	

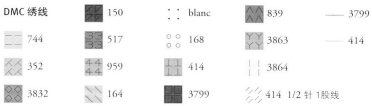

放假啦

去海边或是去乡下度假。将美好的时光，
都绣进字母表里。

参见第143页，精心装裱你的绣图。

DMC 绣线

✗✗ 605		■ 3834	⊟ 164	◇◇ 676	● 839	— 988	● 309
356	4 4 899	792	988	∧∧ 729	∶∶ blanc	— 3345	✗✗ 3863 全针 1股线
352	309	3839	++ 3345	3863	blanc	— 309	3042 全针 1股线
967	▣▣ 553	○○ 827	3078	✗✗ 3864	— 839	— 792	

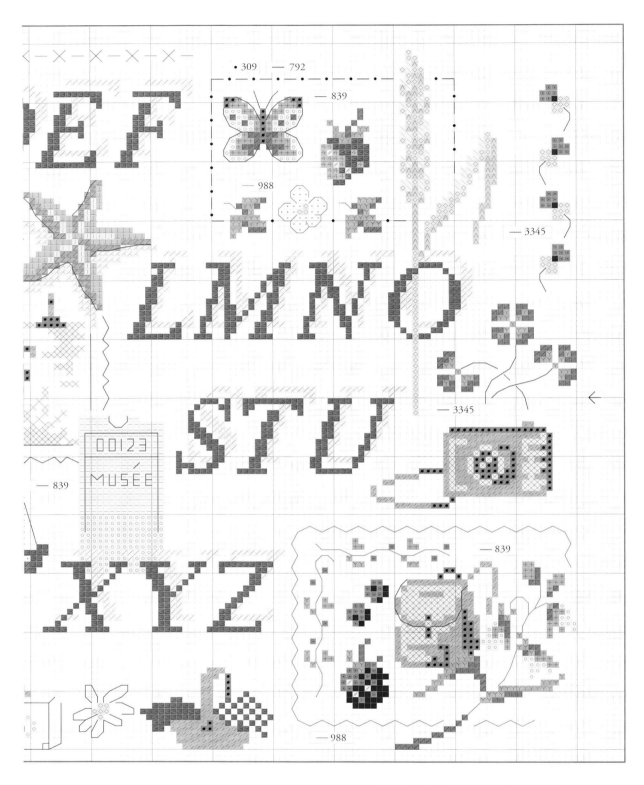

为使绣制更方便，请将各部分绣图复印出来，
拼接在一起，对应到绣布的每一行、每一个绣格内。
箭头标示的是整个绣图纵横向的中心位置。

藏宝图

这张图会不会将你引向海盗埋藏的宝藏？对小冒险家们而言，
沿着这张地图上的路线，避开陷阱，是最好的游戏了！

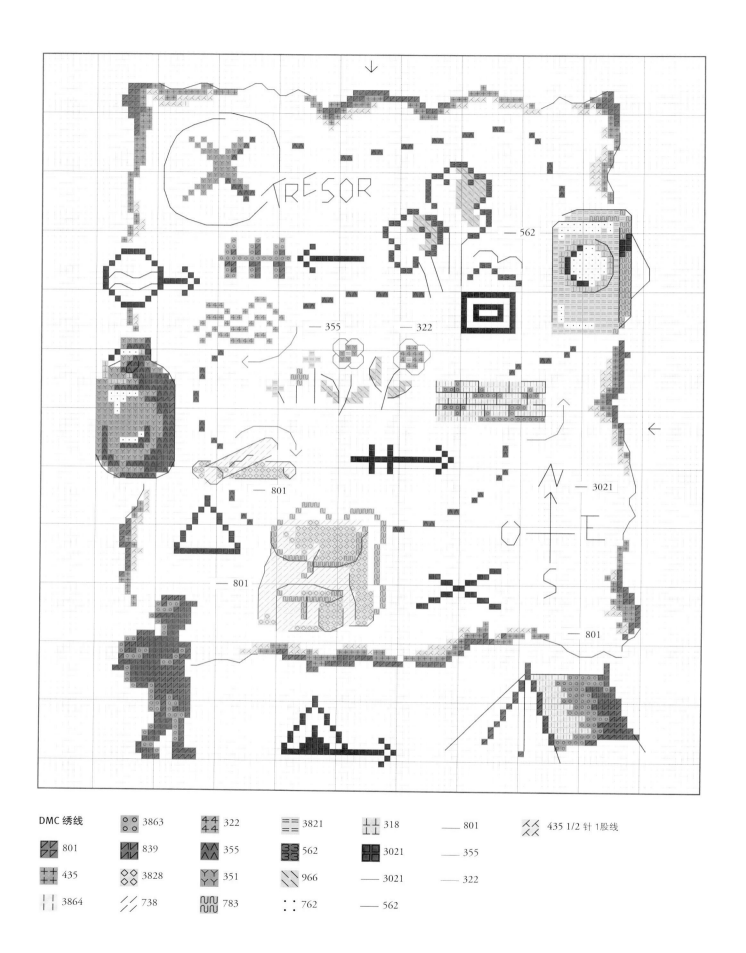

TRÉSOR

— 562
— 355 — 322
— 801
— 3021
— 801
— 801

DMC 绣线

3863	322	3821	318	— 801	435 1/2 针 1股线
801	839	355	562	3021	— 355
435	3828	351	966	— 3021	— 322
3864	738	783	762	— 562	

林间漫步

这张漂亮的绣画，让人回想起树林的气息、落叶的声音和秋日里乡下采摘的快乐。

参见第143页有关装裱绣画的建议。

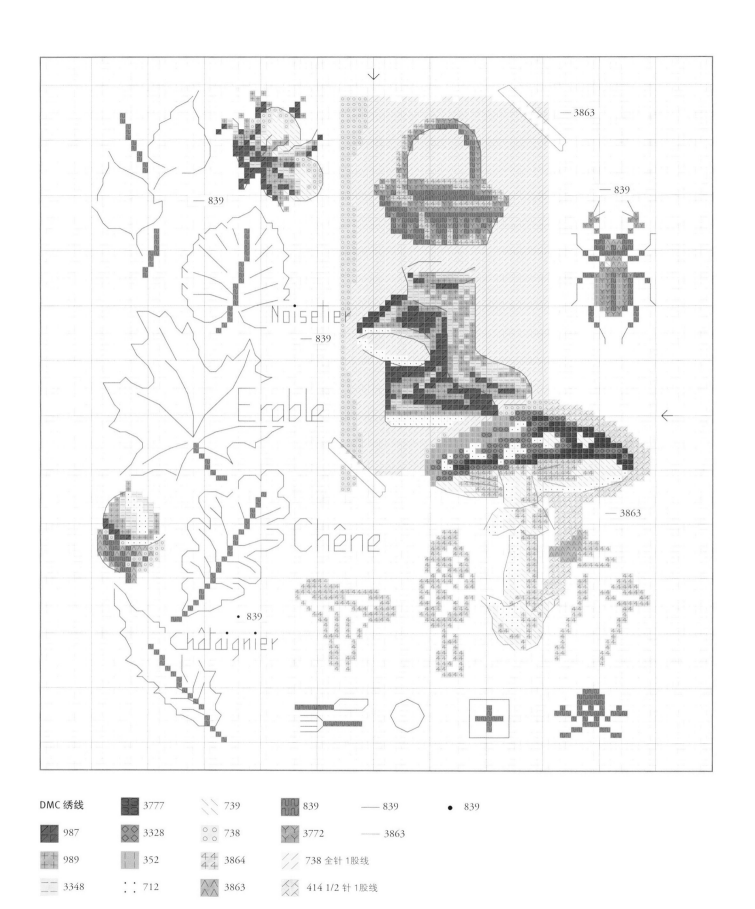

— 3863

— 839

— 839

Noisetier
— 839

Erable

Chêne

• 839

— 3863

Châtaignier

DMC 绣线					
3777	739	839	— 839	• 839	
987	3328	738	3772	— 3863	
989	352	3864	738 全针 1股线		
3348	712	3863	414 1/2 针 1股线		

野外露营

搭起帐篷，生起火……
旧日里有关丛林冒险的记忆又重新浮现在眼前。

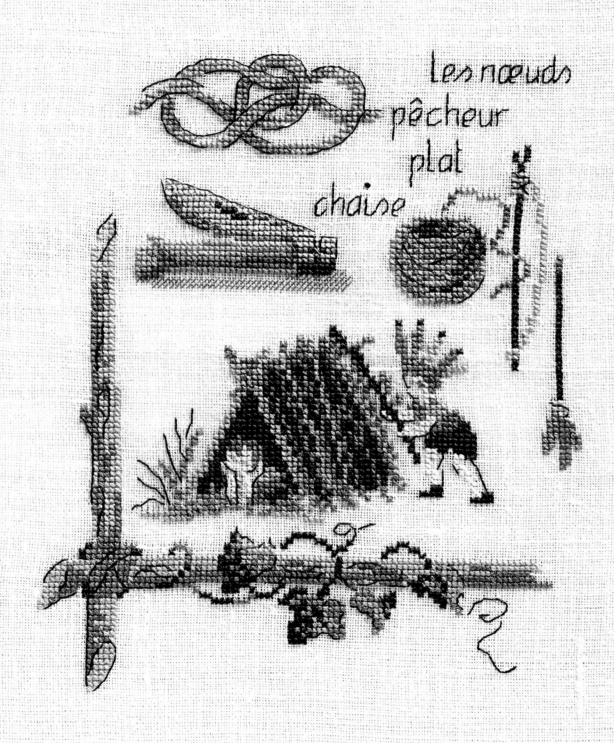

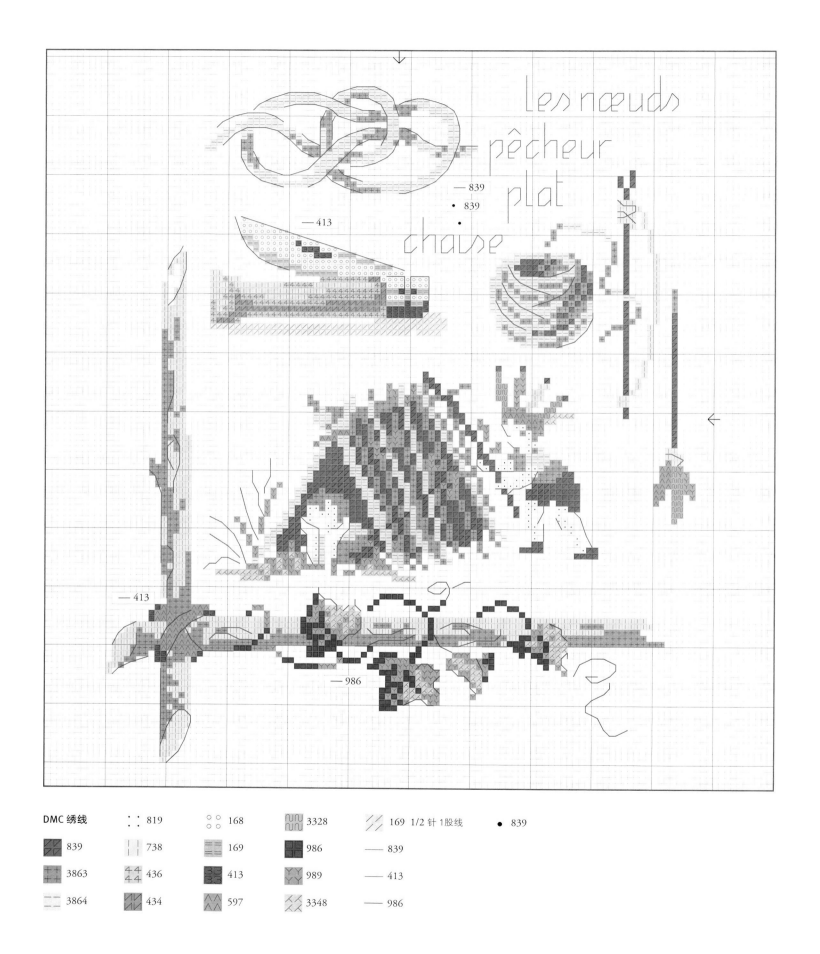

Les nœuds
pêcheur
plat
chaise

—— 839
• 839
•

—— 413

—— 413

—— 986

DMC 绣线	∴ 819	○○ 168	3328	169 1/2 针 1股线	• 839
839	738	169	986	—— 839	
3863	436	413	989	—— 413	
3864	434	597	3348	—— 986	

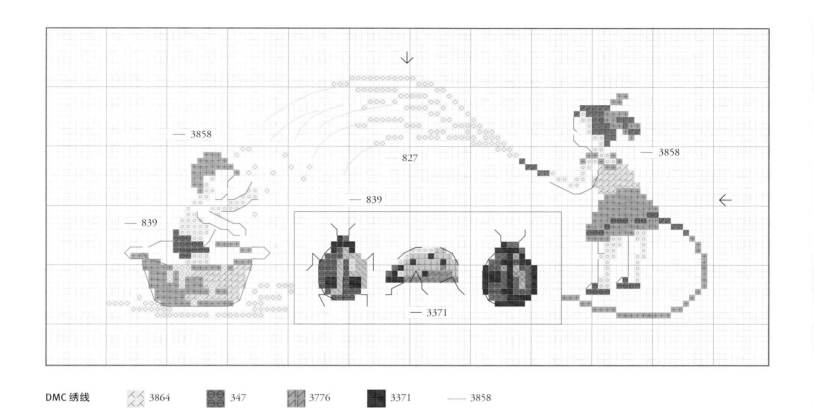

DMC 绣线

3864	347	3776	3371	— 3858
839	818	3712	646	— 3371	— 839
3863	827	402	844	— 827

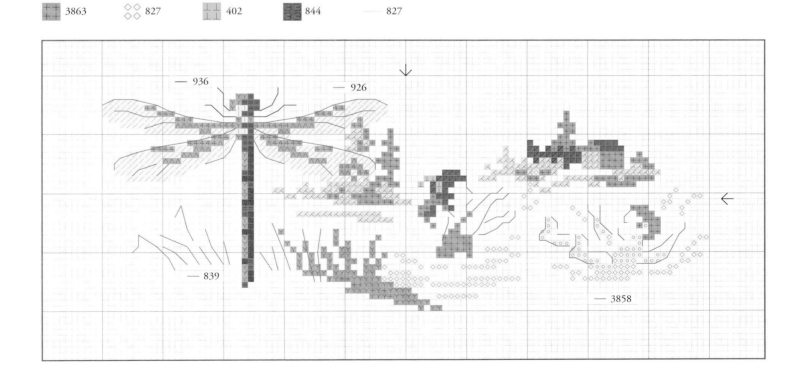

DMC 绣线

3864	772	936	— 926	3766 全针 1股线
839	818	989	402	— 3858	926 全针 1股线
3863	827	3346	— 936	— 839	747 全针 1股线

喷水时光

看到这里，耳边仿佛又回响起了童年时，后院花园里的欢声笑语。

一条漂亮的围裙，一个小布袋，带你重温旧日好时光。

制作方法参见第141页。

小小昆虫

石头下，树梢上，
是神秘的昆虫小世界。

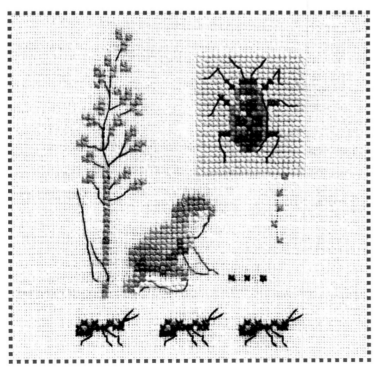

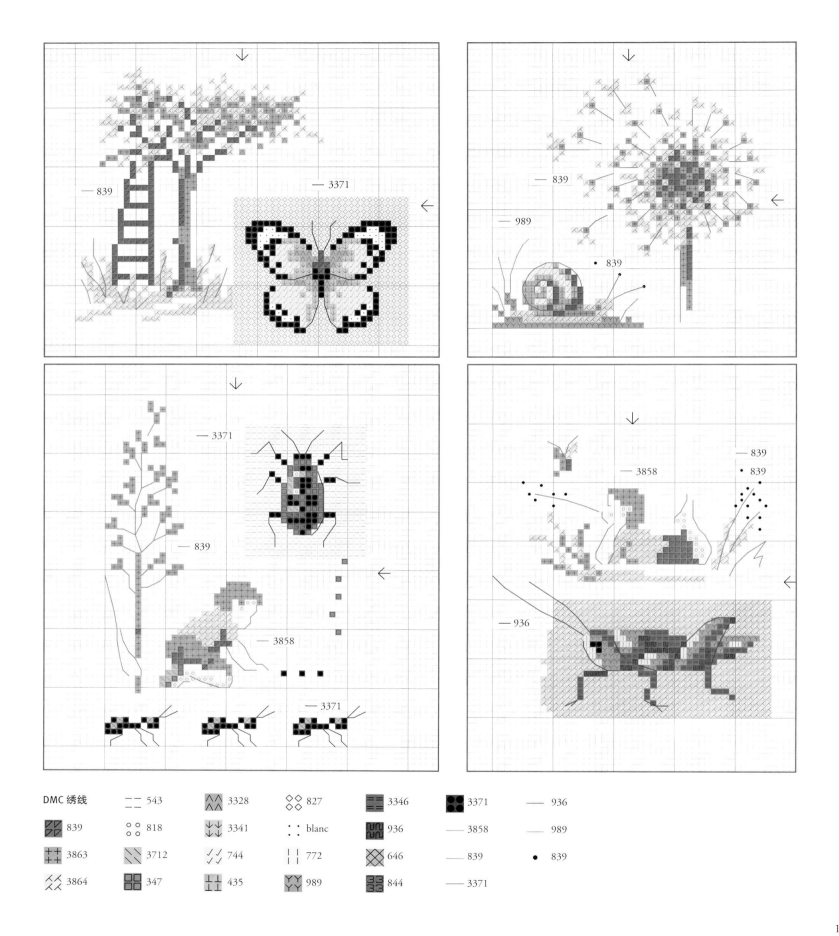

海滨度假

堆沙堡，游礁岩，钓海虾……

在第142页制作说明的帮助下，你可以选择制作一个海洋靠垫，也可以选择制作一面挂旗，
一整年里都珍藏着这个夏天的回忆。

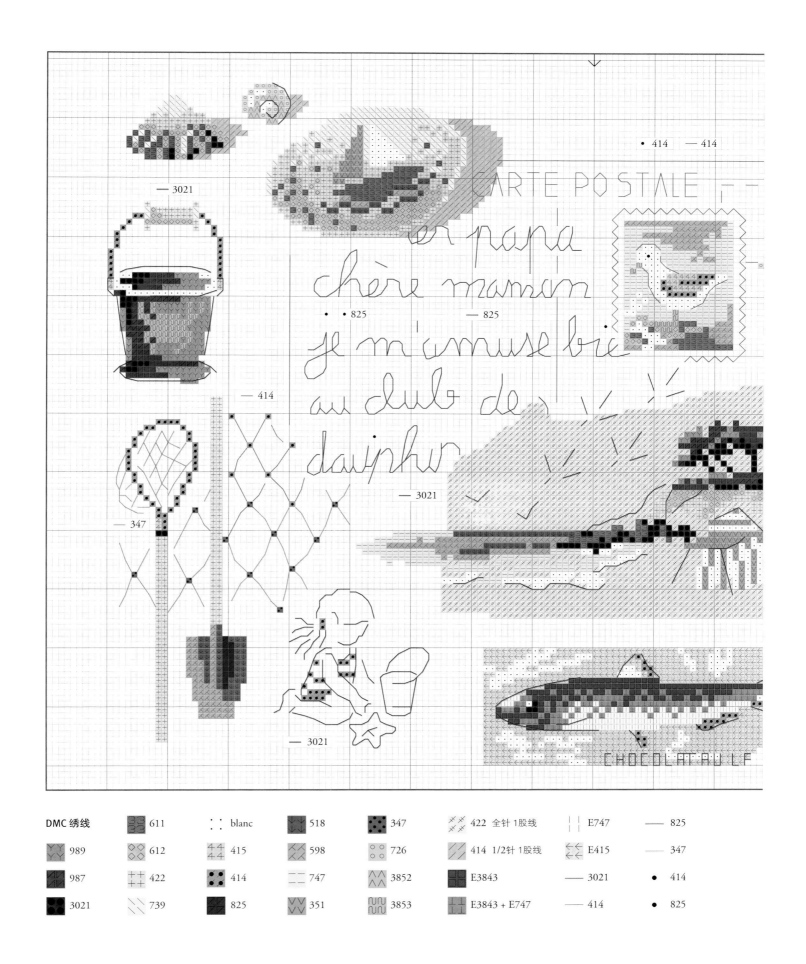

DMC 绣线					
▨ 611	⋮⋮ blanc	▨ 518	▨ 347	✕✕ 422 全针1股线	— 825
▨ 989	◇◇ 612	44 415	▨ 598	✕✕ 414 1/2针1股线	— 347
▨ 987	++ 422	•• 414	∘∘ 726	▨ E3843	— 3021
▨ 3021	╲╲ 739	▨ 825	∨∨ 351	⊞ E3843 + E747	— 414
			∧∧ 3852		• 414
			∿∿ 3853		• 825
				‖ E747	
				⇇ E415	

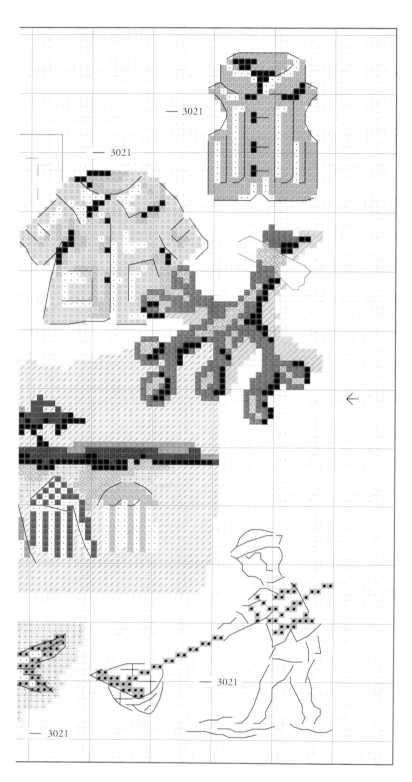

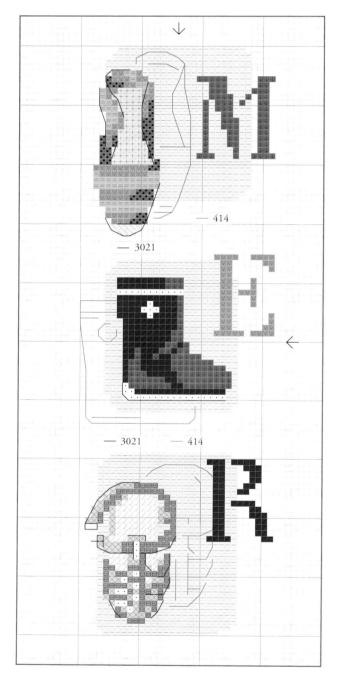

为使靠垫绣制更方便，请将各部分绣图复印出来，
拼接在一起，对应到绣布的每一行、每一个绣格内。
箭头标示的是整个绣图纵横向的中心位置。以字母E开头代表的是DMC金属线。
这里针对不同图案，使用了两种颜色的混合绣。每种颜色均使用1股线。

DMC 绣线	∵ blanc	3805	739
825	352	603	— 414
518	351	3689	— 3021
747	347	422	

技巧和建议

布料的选择

可供绣十字绣的布料有很多种，花色也各式各样。

标有辅助线的布料

使用这种布料绣十字绣最简单。这种布料会明确地标记出所绣制图案的轮廓。这种布料省去了计算针脚的步骤，速度很快，绣出来的成品也大抵规范、一致。如果需要绣制复杂的图案，这种布料是必须的。或者如果你是个十字绣新手，建议你从这种布料入门，练习一段时间。这种布料有多种花色、图案可供选择。

亚麻布或丝绸

这些都是传统的刺绣布料。然而事实上，用这两种布料刺绣，对针法熟练程度要求很高。因为针尖一旦穿过这两种布料，就会留下痕迹，很难修补。而且这两种布料十分精细娇贵，在上面刺绣需要小心翼翼，更需要好眼力。丝绸的纹理细密规则，方便计算针脚，亚麻布的纹理则相对不规则一些。在这两种布上刺绣，一般采用两股线，但个别情况下也可以用单股线。

抽丝布

如果你想使用质地紧实、纹理不很清晰的布料，必须借助抽丝布的帮助。这种布料尤其适用于在床上用品或是衣服上绣制图案。此外，这种布料有一个蓝色的绣格，帮助你定位绣图。先将抽丝布假缝到绣布上，然后在抽丝布上绣制图案。绣完后，轻轻抽拉抽丝布，便可将绣图上的图案转移到绣布上。注意，为了比较容易地抽退抽丝布，在假缝的时候，不要缝得太紧。

根据所绣作品的尺寸，所选的布料也相应不同。织布密度越大，所需针脚就越多，图案也会更小。决定你所选用布料的尺寸（厘米数）时，可选用以下公式计算：第一步，如果你所选用的布料织布密度是两纱线，就用布料每厘米内的总纱线数除以完成每个针脚所跨的纱线乘数。如一块1cm内纱线数为11线的布料（其织布密度是两股纱），便可以绣5.5个针脚（11除以2所得）；接下来，计算绣图上小格子的数目（横向和纵向分别计算），用这个数字除以5.5，就是最终所需的布料大小。

本书中所有图案使用的都是象牙白色或本色的11线/cm（28ct）亚麻布。

准备

一旦选好了你所需的布料，照前文的建议，按尺寸剪裁下你所需要的布料。注意，布料要足够大，以便能够宽松地绣下你想要的图案。此外，要给绣布四周留边，以备镶框或同其他物品缝合。

为了帮助你更方便地计算出所需布料大小，可参考下表中所列的数据：

布料纱数/cm	十字针脚数/cm
平纹布料	
10线/cm	5个
11线/cm	5.5个
亚麻布	
5线/cm	2.5个
10线/cm	5个
11线/cm	5.5个
12线/cm	6个

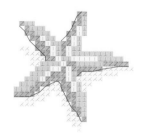

要给剪裁下来的绣布锁边，以防脱线。

用折叠法确定绣布的中心。如果绣图比较复杂，如要绣一块桌布，那么可以在绣布中间垂直和水平位置各假缝一条线，以便在绣制的过程中随时参照。作品完成后，再将假缝的线拆去。为方便拆除，缝的时候不要缝得太紧。

绣图

不论你是要绣一块桌布还是只是一个小图案，绣制过程中都需要一张绣图作参考。绣图由许多小格子组成，每个小格子根据图案需要有不同的颜色，对应的是所使用绣线的颜色。这种绣图一般都绘制在较大的坐标纸上，这样，即使相邻格子的颜色相近，也能区分（如第39页上的绣图或是第100页上的绣图，涉及二十多种颜色）。一个图案对应使用一种颜色，这样方便定位。然后，一份绣图一般还配有一张DMC绣线色卡，方便使用者选择对应颜色的绣线。

绣图中央，都会有标示中心位置的箭头，用于参照。更方便的做法是，用一张彩色复写纸，将绣图誊到绣布上。这样会使刺绣过程一目了然，因而也更简单快捷。

辅助工具

绣针

十字绣绣针的针尖相对较圆润，以防刺破绣布的纹理。这种绣针的针眼有大有小，可以穿过1股线、2股线或3股线。

一般十字绣都选用2股线绣，24号绣针最为适用。

26号绣针适用于1股线，或是平针绣法等。

绣绷

若采用较为柔软且易变形的布料，要想绣出规则的针脚，绣绷是必需的。

绣绷直径的尺寸有很多种，选择时，要注意保证其尺寸相对于你要绣的图案而言足够大，并留有余地。装绣布时，一定要先确保绣布纹理没有扭曲，再用绣框将其绷紧。

绣线

本书中所有作品均选用的是法国DMC牌棉线绣线。这个牌子的绣线有近500种颜色，可以表现出颜色上的细微差别及作品的精细度。刺绣，尤其是十字绣，最常使用的绣线种类是棉线。一根棉绣线含有6股，如果需要的话，很容易将其分开。为更有效地选择颜色，可以使用绣线色卡。通过对比色卡，可以将所需绣线根据颜色分类。

针法

十字绣针法

十字绣针法是最简单的针法。它由两根斜线彼此交叉，构成十字。

- 一般采用半针十字绣法（斜针绣法）即先绣从左到右的一排，再补上从右到左的一排。

- 为使针脚整齐，最好使十字朝同向交叉。

- 使用十字绣针法绣制图案时，将图案由里向外绣（如，从绣布中心绣到底部）。

- 先绣完一个区域，再绣下一个区域。

十字绣针法可以选用1股线、2股线或3股线，具体由所选择的布料和所需要的图案精细程度决定。

本书中的十字绣针法大多采用2股线（11线/cm亚麻布）绣制（参照下一页的表格），也有一些采用了1股线，尤其用于绣制不突出的形象时。

建议及窍门

- 一个常用的小技巧：刺绣的时候一般都不打结，以免产生任何赘余。

- 起针的时候，将绣针穿过绣布，在绣布背后留出几厘米长的绣线。

- 接下来的几针，用针脚将这段留出来的线固定在背面，直到这段线结束。

- 收针的时候，小心地把绣线穿过绣布背面的几个针脚固定，还是不要打结。

- 不要截很长一段绣线做工——很长的绣线容易打结或断损，从而破坏作品。

- 30～40cm长的绣线就足够用了。

- 如果成股的绣线总是有要散开的迹象，那么就握住绣针尾部，连同绣线一起捏在手里，一要散开时就拉紧。

- 一般来讲，一个十字绣作品不会只由一种颜色构成。因此，可多准备几根绣针，每根穿上不同颜色的绣线。此外，要绣完一部分之后，再绣另一部分。绣同一色块的时候，若绣针上的绣线即将不足2cm时，可将绣线滑动几针，使前后颜色连接上。反之，就在需要收针的位置按前面介绍的方法收针，再在需要的位置重新起针。

十字绣针法

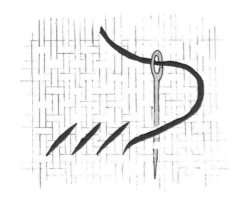 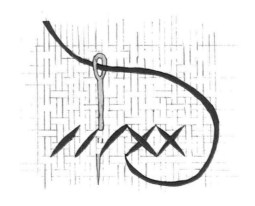 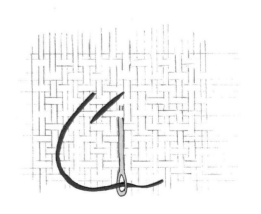

布料纱数	十字绣绣线股数	平针绣线股数
平纹布料		
10线/cm（5个针脚/cm）	2	1
11线/cm（5.5个针脚/cm）	2	1
亚麻布		
5线/cm（2.5个针脚/cm）	3	2
10线/cm（5个针脚/cm）	2	1
11线/cm（5.5个针脚/cm）	2	1
12线/cm（6个针脚/cm）	2	1
辅助线布		
4个针脚/cm	3	2
5.5个针脚/cm	2	1
6个针脚/cm	2	1
7个针脚/cm	2	1

完成与保养

作品完成后，将绣布从绣绷上取下，小心地剪断多余的绣线，并将绣前为标注中心点假缝的两条线拆除。若使用的是棉麻布料，将作品用冷水手洗，再平铺晾干。完全晾干之前，用熨斗熨烫作品背面。都完成之后，作品就等着装裱或是缝合到其他布料上啦。

平针针法

这种针法可以用来绣直线、作品的整个轮廓，或是使图案有立体感。但使用这种针法时，一定要保持针脚缜密，且针脚之间有间断——尽管在绣图上，需要用到平针针法的地方显示的都是连续的线条。根据所选布料的不同，使用这种绣法时，绣线可选用1股或2股。本书中，我们用的都是1股绣线。已经绣过十字绣针脚的地方，就不能再使用这种针法了。

法兰西结

这种针法用来满足作品中颗粒状或是点状的图案的绣制，同时使作品更漂亮。

尤其在十字绣针脚或是平针针脚结束时，为做一个标记，也经常使用这种针法。

一手持针，将针从绣布背面穿入绣布上方，另一只手拉紧绣线，绕绣针转1～2圈，需要多大的法兰西结，就绕几圈。

接下来，一手拉紧绣线，将线圈固定在绣针尾部，随后，将针尖对准上针点的旁边插下去，离之前针穿上来时的位置越近越好。将针拉到底，当线圈紧贴在绣布上时，就会形成一个法兰西结。

平针针法

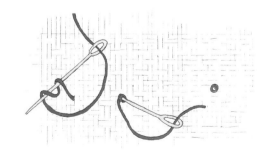

法兰西结

大功告成

看，你的刺绣作品多么令人满意！想要精益求精吗？一种办法是，将你的作品镶嵌在画框中，就像这本书中有些作品那样（见第39页、59页、110页、116页和建议篇的第143页）。你也可以从日常生活中获取一些灵感，为你的作品绣制一些简单而富有特色的装饰，使它变成一份为友人精心制作的礼物。十字绣的妙处在于，不是只有缝纫大师才能完成，只要稍有针线活的基础，用心绣，每个人都能绣出本书中这样精美的作品。一旦你有了灵感，就马上把它绣下来，相信自己的品味，不要犹豫。

作品绣完之后，要用丝线锁边，勾出所绣样式的轮廓。最简单快捷的办法是用缝纫机锁边，但如果你没有缝纫机的话，也可以使用针线手工完成。你只需要用平针或回针针法勾勒出绣样的轮廓就可以了。

为了使作品更完美，你还可以精心挑选绣线的颜色，随时调整针脚数，进行必要的裁剪，最后，还可以用熨斗熨烫一下，使作品平整、轮廓分明。

每个作品需要用多少线，取决于作品的尺寸。如果作品尺寸较小，建议使用绣绷，将绣布固定，方便勾绣十字绣。

几种刺绣针法

垂花针

杨柳针

拱针

三角针

回针

链针

配件制作

材料：

- 11线/cm（28ct）象牙白色亚麻布：45×35 cm；并留一些余料用于缝制吊挂用的挂钩。
- 白色或本色布背衬：45×35 cm
- 绒布夹层：45×35 cm
- 3颗扣子
- 一根木棍（直径15 mm）：长48 cm
- 红色丙烯颜料及画刷

1 在亚麻布中央绣制第10～11页的图案。绣制完成后，剪裁亚麻布，左右两边各留出4.5cm空白，上下各留出6cm空白。将单色布背衬和绒布夹层裁成同样的大小。

2 用亚麻布余料剪出三个13cm×7cm的长方形，用于缝制挂钩。将其中一个小长方形沿长边对折，找到中缝，将长边朝中缝对折缝合，两边各留出0.5cm布边。之后，将两个短边均缝合成弧形。再继续按此法完成另外两个挂钩。

3 将绣好图案的亚麻布同事先准备好的绒布夹层面对面重叠。在距绒布夹层左右两边各3cm处，放上缝合好的挂钩，第三个挂钩对齐图案中心。在绒布夹层背后重叠放上背衬布。之后将它们缝合，底边留出一小段开口不缝。缝合时，针脚距布边留出1cm的宽度。

4 将字母表从开口处翻回正面，用拱针针法将预留的开口缝合。将挂钩搭过到正面来，用纽扣固定。熨烫作品背面。

5 用小刀将木棍的一段切削成铅笔的形状，之后将其上色。晾干后，穿过挂钩。可使用双面胶将其同挂钩固定起来。

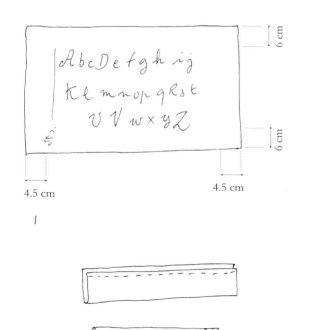

1

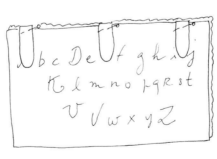

2

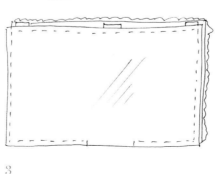

3

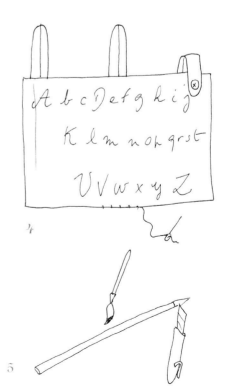

4

5

材料

- 11线/cm（28ct）象牙白色亚麻布：
  50×30cm
- 约22×17cm规格的笔记本

1 将亚麻布的长边对折，并标出写字本的中折页处。折痕需同亚麻布的纹理相吻合。在折痕右边，同写字本折页齐平处，将第12页的绣图绣到亚麻布上。

2 要始终注意保持写字本被布料盖住，并关注写字本中折页的位置是否发生改变。缝合时，在布料与写字本之间留一点儿空隙。剪裁布料，布料边缘距写字本上下留出2cm，左右留出7cm供折叠用。之后将布料锁边。

3 将布料翻过去，重新对折各边，留出1cm从里面缝合。较长的两边则用线缝合固定，上下各留出2cm。

4 在左右折叠处，注意不要将横向的针脚显露出来，而是将针脚隐藏在折叠处的下面。

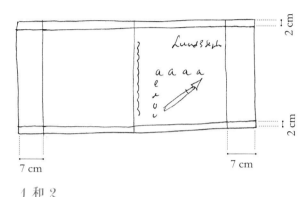

1 和 2

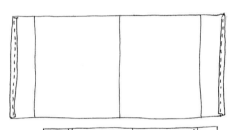

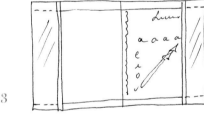

3

变通

这个写字本皮的缝合方法是针对小开本设计的，若要做较大的尺寸，可做适当调整。在这种情况下，可以将要绣的图案绣在布料右侧，上下用平针法草绣出轮廓。还可以将两页的图案结合在一起绣在布料上。

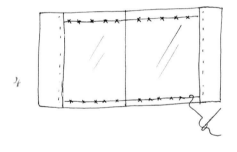

4

材料

- 11线/cm（28ct）象牙白色亚麻布：
  40×55cm
- 白色或本色布里衬：40×55cm
- 大号金属扣圈2个（直径20mm）和一套挂绳

1 将书中第24～27页的图案绣制在绣布中央。剪裁绣布，上边留出4.5cm空白，其他各边留出3cm空白。将里衬也剪裁成和绣布同样的尺寸。

2 将绣布和里衬面对面重叠对齐，缝合，各边留出1cm的空白。底边留一小段开口。从开口处将布料翻过来。熨烫作

品背面。最后，用拱针针法将开口缝合。

3 标记出嵌入扣圈的位置。具体嵌入扣圈的方法，参见你所选用的布料的厂家说明。

材料

- 11线/cm（28ct）象牙白色亚麻布：
  25×25cm正方形一块，22×5cm布条一段
- 米色乳白色方格布：32×60cm长方形一块，22×5cm布条一段
- 米色布里衬：32×60cm
- 绒布夹层：32×60cm
- 细绳：15cm
- 2颗扣子

1 将第18页上大的图案绣制到亚麻布中央。将标签小图居中绣到另外一块布条上。

2 裁剪布料，使图案边缘齿状平针距布料下边2.5cm，其他各边留白1.5cm。在背面标记出折痕。将绣好图案的亚麻布居中假缝到方格布上，下边留白2.5cm。在绣好图案的亚麻布四周距布边2mm处绣一圈明线。

3 将绣有标签的小布条缝到事先准备好的方格布条上。四周都缝好，留白3~4mm，并在长边留一个开口，熨烫后用拱针缝合开口。

将布条放置于大的方格布正中央，距亚麻布绣图上边0.5cm处，牢牢缝合在方格布上。将细绳截成两段，折叠形成两个扣搭，分别缝合在方格布的下方长边处，据左右两边各4cm。

4 将方格布、绒布夹层和里衬面对面对齐，缝合，针脚距布边1cm。缝有搭扣的一边不缝合，留开口，将布料翻回来，熨烫作品背面。之后，将开口在距底边3mm处用明线缝合。

5 向内折出折叠内搭（用于放置同学录），用垂花针绣法在四周缝合固定。最后在搭扣处钉上扣子。

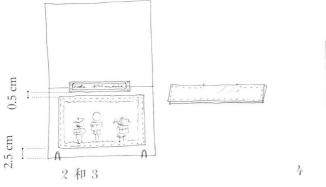

0.5 cm

2.5 cm

2 和 3

4

5

材料

- 11线/cm（28ct）象牙白色亚麻布：
  15×22cm
- 纯色棉布或印有淡雅清新图案（如绿格子）的棉布
- 丝带：0.5cm宽，约20cm长
- 别致的小扣子1颗

1 将第21页绣图竖向绣制在亚麻布上，上边留白2cm。之后，参照本书第144页的图纸，将绣好图案的布料修剪成该形状。上边留白1cm，下边修剪出尖形。

2 将准备好的棉布同亚麻布面对面对齐，裁剪成同样的形状尺寸。将二者缝合，针脚距布边0.8cm，上面留一个开口。

3 将书签从开口处翻回到正面。从背面熨烫作品。将丝带插入，缝在开口处正中央，随后用拱针将开口缝合，确保丝带固定。丝带的另一端穿入扣子，并缝合固定。用熨斗熨烫丝带使其平整。

1

2

3

漂亮的小标签（成品照片见第34～35页）

使用11线/cm（28ct）的亚麻布完成。第33和第37页的标签使用8.5×5.5cm的布料，第32页的标签使用11×6.5cm的布料。将图案绣在布料中央，各边留白5cm，以便进一步将标签应用在具体物品上。

穗边：（第30页图样）

绣制完成后，沿布料纹理剪裁好布料，各边留白1cm。从各边抽出2至3根纱线，以形成流苏穗。如果想将标签贴在有封皮或封盖的物品上，如手提箱或相册，推荐使用双面胶固定标签。

缲边：（第34、35页图样）

绣制完成后，沿布料纹理剪裁好布料，在所绣图案周围留出2mm以备万一，并留出0.5cm用于缲边。在背面熨烫作品。这种标签可缝合在衣服或其他你需要的布品上。缝合时使用缝纫机或用拱针针法手缝。

塑料布包（成品照片见第34页）

材料

- 绣好的标签（见前）
- 长方形塑料布两块：20×15.5cm
- 拉锁一条：长18cm
- 精美细绳圈或丝带：15cm
- 别致的小扣子和珠子各一颗

1 将绣好的标签缝在其中一块长方形塑料布正中央。将拉锁同塑料布对齐，其中一条边同塑料布的一条边缝合。用同样的方法，将另一块塑料布同拉锁的另一边缝合。打开拉锁，在拉锁周围明绣一周。

2 打开拉锁，将两块长方形塑料布面对面对齐，缝合其余三边，各边留白1cm。将布包从拉锁处开口翻回来。

3 将细绳圈穿过拉锁的拉链，之后穿上小扣子和珠子，在尾部打结固定。

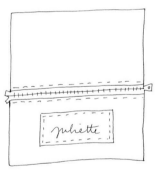
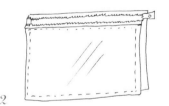

骰子游戏板（成品照片见第78页）

材料

- 11线/cm（28ct）象牙白色亚麻布：边长50cm的正方形布料一块
- 边长45cm的白色或本色正方形布料

1 将第80～83页的图案绣制在亚麻布正中央，将亚麻布翻到背面。

2 顺着布料纹理，剪裁亚麻布大小，各边留白3.5cm。将另一块布料也剪成同样的大小。

3 将两块布料面对面对齐，缝合，底边留白1cm，并留出一个开口。将缝好的布料从开口处翻回。最后，在作品背面熨烫，使作品平整。

材料

- 11线/cm（28ct）象牙白色亚麻布：
  25×55cm长方形布料一块，
  6×60cm布带一条
- 内衬布：同亚麻布尺寸（长方形+布条）
- 精美丝带：50cm
- 2颗扣子

将亚麻布沿长边对折，将第43页的图案绣在对折后的亚麻布上半部中央，图案中最底部的调色板底边距折痕留出2cm的空白。

重新剪裁亚麻布料，布边距刺绣图案2.5cm。将内衬布剪裁成同亚麻布同样的大小。将绣好图案的亚麻布沿折痕对折，背面朝外，将两个长边缝合，留白1cm。将内衬布也对折缝合，注意预留

一段开口不缝。

将内衬布布袋翻过来放入亚麻布布袋中。将丝带截成两段，分别将一端插入亚麻布布袋和内衬布布袋的上开口之间的中央处。将亚麻布布袋和内衬布布袋的上端缝合，针脚距布边1cm。将亚麻布和内衬布分别从步骤2中预留的开口处翻过来，缝合开口。

缝制提手时，将亚麻布条与内衬布条正面对齐重叠，缝合，针脚距布边1cm，在长边留一个开口。将短边缝成一个圆角。从开口处将提手正面翻出来。在布袋上端两侧各缝一个扣子，将提手扣在扣子上。

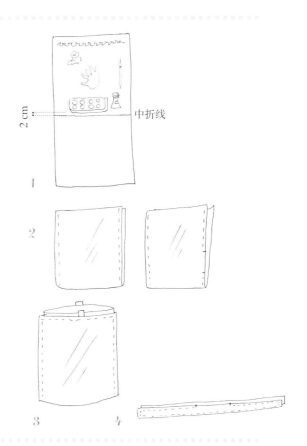

2cm | 中折线

材料

- 11线/cm（28ct）本色亚麻布：
  48×80cm长方形布料一块，
  45×4cm布带两条
- 玫红色内衬布：尺寸同亚麻布（长方形+布条）

将第52～54页绣图绣制在亚麻布上部中央，图案上端距布边6cm。

将绣好的亚麻布图案朝内对折，将左右两个侧边缝合，留白1cm。为缝出布筐的四个底角，将底边拉开形成一个角。在距离角尖末端6cm处，横向缝合一道线。修剪这些角，使角尖距缝线1cm。

将内衬照同样的方法缝合，注意在其中一边预留出一段开口。

缝制提手时，将亚麻布条同内衬布条

正面对齐重叠。将二者的长边缝合，针脚距布边0.5cm。将布条翻回正面，用玫红色绣线绣一圈明针，针脚距布边3mm。

将内衬布布筐放入亚麻布布筐中，将提手插入二者之间，位置距侧边缝合处针脚12cm。将内衬布布筐同亚麻布布筐的上端缝合，针脚距布边1cm。之后，将亚麻布和内衬布分别从步骤3中预留的开口处翻出来，将开口缝合。最后，用玫红色绣线在布包外部周围绣一圈明线。

6 cm

6 cm

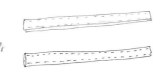

12 cm

小布袋 （成品照片见第58页）●●

材料

■ 11线/cm（28ct）象牙白色亚麻布：
　25×45cm长方形布料一块，
　5×25cm布带一条
■ 内衬布：同亚麻布尺寸（长方形+布条）

1 将亚麻布沿长边对折，顺着布料纹理折出折痕。将第60页或第61页的图案绣制在亚麻布上半部的中央，图案的底边距折痕约1.5cm。

2 重新剪裁亚麻布大小，使图案上边和两个侧边距布边均为3cm。从背面熨平绣好的亚麻布。将内衬剪裁成同样的大小。面对面对折亚麻布，将两个侧边缝合，针脚距布边1cm。缝合内衬，注意在内衬其中一边预留一段开口。

3 缝制布袋的提手时，将亚麻布布带同内衬布布带面对面对齐重叠，沿长边缝合，针脚距布边0.7cm。预留一小段开口，将提手从开口中翻回来。

4 将内衬布形成的布袋面对面放入亚麻布形成的布袋中，将提手每边插入二者之间的上端中央。将内衬布布袋同亚麻布布袋的上端缝合，针脚距布边1cm。之后，将亚麻布和内衬布分别从步骤3中预留的开口处翻出来，用拱针将开口缝合。

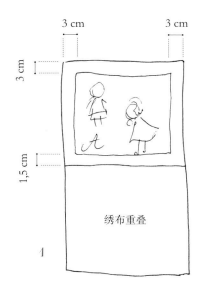

绣布重叠

1

2

3

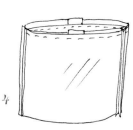

4

小布筐 （成品照片见第87页）●●

材料

■ 11线/cm（28ct）象牙白色亚麻布：
　26×50cm长方形布料一块，
　30×4cm布带两条
■ 内衬布：同亚麻布尺寸（长方形+布条）

1 将第86页的绣图绣在沿长边对折后的长方形布料上部中央，图案上端距布边3cm。

2 将亚麻布对折，缝合两个侧边，针脚距布边1cm。为缝出布筐的四个底角，将缝合的边拉开，向底边折痕对齐，形成一个角。在距离角尖末端4cm处，横向缝合一道线。修剪这些角，使角尖距缝线1cm。

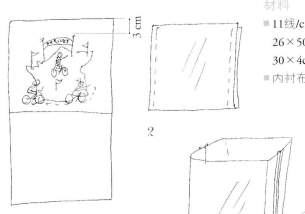

1

2

3 将内衬布照同样的方法缝合，注意在其中一边预留出一段开口。

4 缝制布筐的提手时，将亚麻布布带同内衬布布带面对面对齐重叠，沿长边缝合，针脚距布边0.7cm。预留一段开口，将提手从开口中翻回来。

5 将内衬布布筐放入亚麻布布筐中，将提手插入二者之间，位置距侧边缝合处针脚6cm。将内衬布布筐同亚麻布布筐的上端缝合，针脚距布边1cm。之后，将亚麻布和内衬布分别从步骤3中预留的开口处翻出来，将开口缝合。

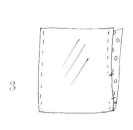
3

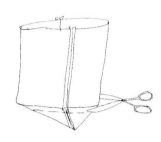

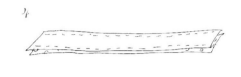
4

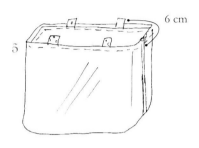
5
6 cm

门牌（成品照片见第92页）

材料

- 11线/cm（28ct）象牙白色亚麻布：25×18cm长方形布料一块
- 波点布、平纹布及白色或本色布：同亚麻布尺寸
- 挂绳：35cm

1 将第93页的图案绣到长方形亚麻布中央。剪裁布料，图案居中，图案下端至布边留白3cm，其他各边留白2cm。将白色背衬布裁剪成同样大小。将二者面对面缝合，针脚距布边0.5cm，预留一段开口。将布料从这个开口处翻回来，之后缝合开口。

2 以绣布为参照，剪裁波点布和白色平纹布，使其比绣好图案的亚麻布四周均多出4cm。

3 将绣好图案的亚麻布铺平放在波点布中央，将二者用明线绣在一起，针脚距亚麻布布边2mm。绣线选用金属线，用回针针法。

4 在挂绳两段分别系扣或者打结。将平纹白色布同已缝合好的波点布及绣布面对面对齐重叠，将挂绳插入二者之间，插入位置距外布边3cm。缝合四周，针脚距布边1cm，并在底边预留出一个开口。从开口处将布料都翻过来，之后缝合开口。在牌子四周用回针针法缝一圈明线。

1

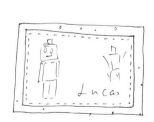
2

3

4

材料

- 11线/cm（28ct）象牙白色亚麻布：
  25×45cm长方形布料一块
- 白色或本白色内衬布：同亚麻布尺寸

1 将第96页上的图案居中（竖向）绣到亚麻布上，图案底端距布边3cm。裁剪亚麻布大小，具体尺寸参照右侧图示。将内衬裁剪成同样尺寸。

2 将两块长方形布料面对面重叠在一起，缝合四周，针脚距布边1cm。绣图对面的一条边不缝合留作开口，将布料从这一段开口中翻回来，在背面熨烫。

3 将未缝合的一边向内折入13cm，绣明针缝合固定，针脚距布边3mm，缝的过程中要注意，将所有布料都缝在一起。也可选用垂花针针法缝合，这样的话折入15cm。

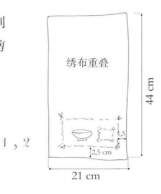

绣布重叠
44 cm
1.5
2.5 cm
21 cm

1, 2

3

材料

口袋：
- 11线/cm（28ct）象牙白色亚麻布：
  15×54cm长方形布料一块
- 丝带或短绳：50～60cm

小标签：
- 11线/cm（28ct）象牙白色亚麻布尾料、刺绣用平纹布尾料
- 棉线

口袋：

1 沿着亚麻布的纹理，将布料两条短边向内折入6cm，用大头针在其中一条折痕处固定。对折布料，标出中线，展开。

2 从书中第104和第105页任选一个图，左右居中绣在大头针到底部中间。移除大头针。

3 图案朝里，面对面对折亚麻布，缝合侧边。任选其中一边，在距上端9.5cm处，预留一段长1～1.5cm的开口。将口袋从开口处翻回来。

4 将上端向下折叠6cm。缝制丝带的滑道时，先在距顶端3.5cm的地方缝一道明线，随后在1～1.5cm开口之下的地方，再缝一道明线。将丝带或细绳穿入滑道，穿线的时候，可使用牵引针辅助。

小标签：

1 将所选的图案绣在亚麻布尾料正中央。剪裁布料，在图案周围留出一圈1.5cm的空白。将平纹布裁剪成同样大小。

2 将二者面对面重叠放置，缝合，针脚距布边0.5cm。在顶部留一段开口（越大越好）。撑开开口，将标签翻回来。

3 向内折叠开口。剪下一段15cm长的棉线，将两段重合，形成一个圈，打死结。将线圈插入开口。用明线在小标签背面缝合一周。将棉线圈带着小标签套进口袋上的丝带。

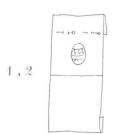

9.5 cm

1, 2   3   4

1   2   3

材料

■ 11线/cm（28ct）象牙白色亚麻布：
20×12cm长方形布料一块，
边长约10cm的正方形布料两块
■ 厚条纹布料：60×70cm（4/6码）或
70×80cm（8/10码）
■ 布条绳：2m

1 将第120页上的图案绣至长方形亚麻布中央，将第123页上的蝴蝶和昆虫图案分别绣在两个正方形上。

2 剪裁绣好的亚麻布，使图案四周距布边2～2.5cm。将各布边向内折0.5cm，用熨斗从背面熨烫。如果围裙布料的颜色是深色的，在每块亚麻布后面的折痕处再加一层衬。

3 参照本书第144页的形状，裁剪条纹布。将条纹布四周向内折0.7cm，用明线缝合。对折布条绳，将其同围裙四周缝合在一起。

4 选好位置，将绣好的亚麻布缝到围裙布上。再在亚麻布四周绣一圈明线。

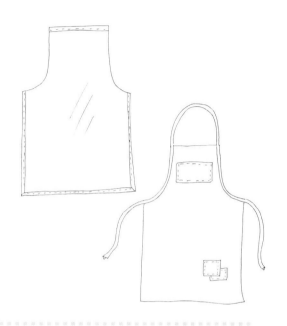

材料

■ 11线/cm（28ct）象牙白色亚麻布：
28×20cm长方形布料两块
■ 白色或本色平纹布内衬：同亚麻布尺寸
（两块）
■ 拉锁：25cm
■ 丝带：20cm
■ 小珠子或扣子各一颗

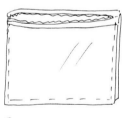

2　3　4　5

1 将第120页的图案绣至亚麻布（横向）上，图案底部距布边4cm。

2 将绣好图案的长方形亚麻布顶端向内折叠1cm，放上其中一条拉锁，缝合。用同样的方法将另一条拉锁缝合在另一块亚麻布上。

3 打开拉锁。将两块亚麻布面对面重叠放置，缝合另外三边，针脚距布边1cm。

4 将两块内衬布面对面重叠放置，缝合三条边。将开口向下折1cm，然后将布料从开口处翻回。将亚麻布口袋面对面放入内衬布口袋中，缝合。用拱针针法缝合内衬的开口，将布包翻回来。

5 为增加美感，可以在拉锁处穿入一条丝带，并在丝带尾部系上一颗小珠子或纽扣。

海洋靠垫（成品照片见第124页）

材料

- 11线/cm（28ct）象牙白色亚麻布：
  边长为37cm的正方形布料一块
- 白色或本白色平纹布内衬：
  一块37×33cm，一块37×19cm
- 靠垫内胆：35×35cm

1 将第126～127页绣图绣制在正方形亚麻布料中央。

2 将较小内衬布的长边向内折进1cm，并在距布边0.8cm处绣一道明线。将较大内衬布的长边向内折6cm，在距布边5cm处绣一道明线。

3 将较大的内衬布面对面对齐放在亚麻布的上端，另一块面对面对齐放在底端，内衬折叠的部分重叠在一起。将四周缝合，针脚距布边1cm。将布料翻回来。

零食袋（成品照片见第125页）

材料

- 11线/cm（28ct）象牙白色亚麻布：
  16×33cm的长方形布料一块
- 米色平纹布内衬：同亚麻布尺寸
- 铁丝
- 钳子

1 将第127页绣图绣制在亚麻布中央（纵向），图案下端距布边6.5cm。

2 将绣好的亚麻布同内衬布面对面缝合，针脚距布边1cm，在顶端预留一个开口。撑开开口，将布料从开口处翻回，用熨斗在作品背面熨烫。将上边折入1cm，再折入3cm，在距布边2.5cm处绣一道明线。

3 剪下40cm铁丝，用钳子将铁丝弯成图示形状。

小熊靠垫（成品照片见第66页）

材料

- 11线/cm（28ct）象牙白色亚麻布：
  尺寸取决于用途
- 搭配布套
- 白色布和靠垫填充物

1 将第68～69页图案绣至亚麻布中央，四周预留出足够的距离。在绣好的图案四周，留出大约1cm的边距和0.5cm的缝份。在背后做出标记。

2 将图案放置在搭配的布套上，多留1cm的缝份。如果是拼接多幅图，就把它们一起都放上。铺平图案，用明针缝合。

3 靠垫背面的制作方法参照海洋靠垫的制作方法，将两块折叠处重叠在一起，并同靠垫的正面缝合。

4 制作靠垫内胆时，先剪裁出两块白色布，尺寸同搭配的布套。将这两块布面对面缝合，预留开口，将布料从开口处翻回。将靠垫填充物放入，缝合开口。

材料

- 11线/cm（28ct）象牙白色亚麻布：
  黄色布篮：25×15cm长方形布料一块 玫红
  色布篮：25×20cm长方形布料一块
- 外层白色或米色（条纹）布料
- 波点或小图案布内衬
- 绒布
- 纤维塑料
- 丝带：每个盒子1.6m

请参考下图图纸，用于计算布料留边尺寸

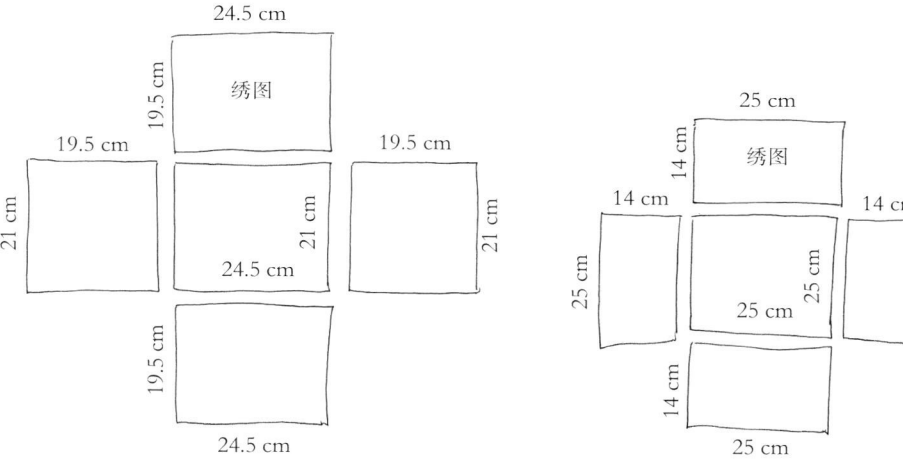

1 任选第72页的绣图，绣制在亚麻布中央。

2 根据图纸的尺寸，裁剪篮子的外层布料和内衬。布篮的每一面都裁剪出一块同等尺寸的绒布和一块短边2cm的纤维塑料。

3 将丝带剪成8段，每段20cm。缝制布篮的各个侧面时，将外层布、绒布、内衬依次面对面重叠放好。将丝带插入最外层的角落处。将各边缝合，针脚距布边1cm。缝好后翻回到正面。缝合底面时，将内衬和绒布依次放好，缝制方法同各个侧面一样。

4 将纤维塑料放入布篮的四壁。将开口向内折叠，用拱针针法缝合开口。

5 将布篮四周的各面围绕底面摆放，缝合。之后，将各面两两缝合。缝合时，只需从底面沿各棱向上缝几厘米即可。将丝带系成蝴蝶结。

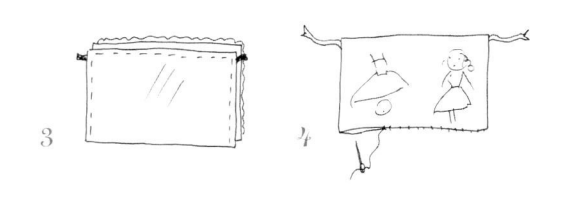

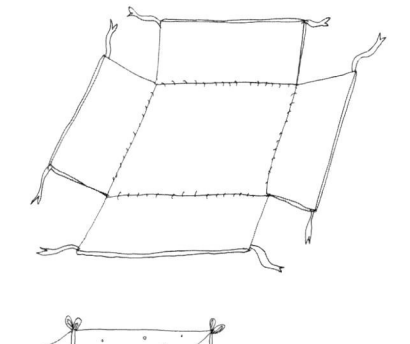

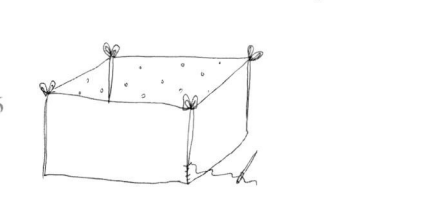

装裱绣画

绣图时，在四周预留出足够的空间。绣好后，从背面熨烫微微浸湿的作品。通过将作品镶框、放入绣筒或用毛巾、亚麻布等包裹起来，可以避免将作品弄脏。

搭配挂杆时，选择设计相对简单、颜色自然、同你的作品风格相配的款式。边框的选择也是一样，追求自然、大方、协调。边框选择不当，将会破坏作品的效果。玻璃镜框反光，尽量不要使用。

为更好地呈现作品效果，经常会在相框的底板和作品之间放一块双面绒布。它可以释放作品上的压力，使你的作品变得平整。随时咨询为你做相框的师傅，他们会告诉你一些好办法，帮助你更好地展现作品的价值。

布料折痕

6-8码

4-6码

半片围兜

实际制作时，请将尺寸扩大250%
裁剪时，请将布料对折

围兜

书套

已含缝份

书套

缝线

布料折痕

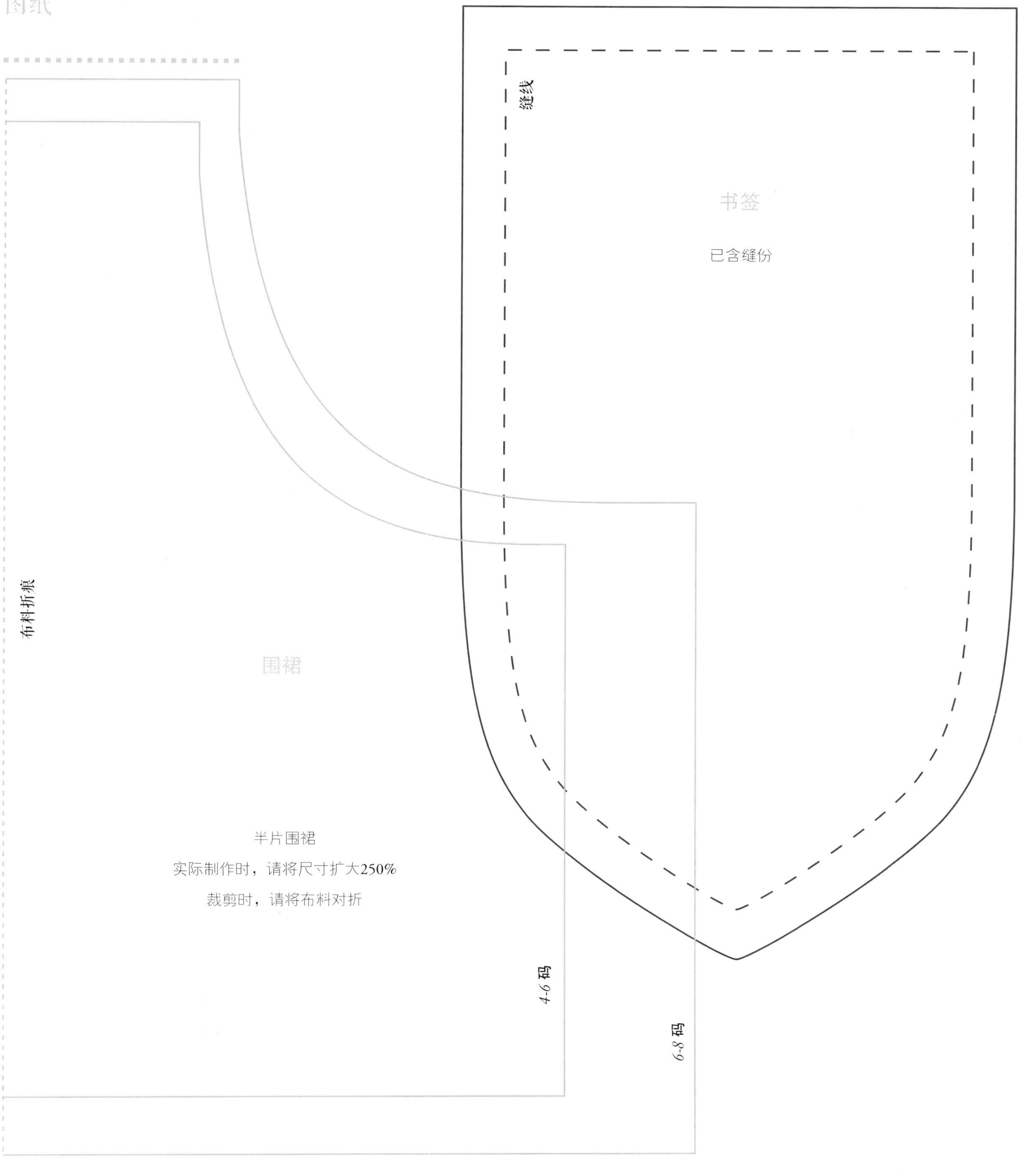